Handbuch der mikrobiologischen
Beurteilung von Lebensmitteln

Handbuch der mikrobiologischen Beurteilung von Lebensmitteln

G. Klein / B. Schütze

BEHR'S...VERLAG

Bibliographische Information der Deutschen Nationalbibliothek
Die Deutsche Nationalbibliothek verzeichnet diese Publikation in der Deutschen Nationalbibliografie;
detaillierte bibliografische Daten sind im Internet über http://dnb.d-nb.de abrufbar.
ISBN 978-3-89947-779-5

Korrespondenzautor: Fachfragen bzgl. der Richt- und Warnwerte richten Sie bitte an Dr. Burkhard Schütze, LADR GmbH MVZ Dr. Kramer & Kollegen, Lebensmittelanalytik, Lauenburger Str. 67, 21502 Geesthacht, Tel: 04152 803-188, Fax: 04152 803-331, b.schuetze@ladr.de, http://lm.ladr.de.

© B. Behr's Verlag GmbH & Co. KG • Averhoffstraße 10 • 22085 Hamburg

Tel. 0049 / 40 / 22 70 08-0 • Fax 0049 / 40 / 220 10 91
E-Mail: info@behrs.de • homepage: http://www.behrs.de
1. Auflage Januar 2011

Satz: Context Werbeagentur, 21502 Geesthacht; www.context-werbung.de

Alle Rechte – auch der auszugsweisen Wiedergabe – vorbehalten. Herausgeber und Verlag haben das Werk mit Sorgfalt zusammengestellt. Für etwaige sachliche oder drucktechnische Fehler kann jedoch keine Haftung übernommen werden.

Geschützte Warennamen (Marken) werden nicht besonders kenntlich gemacht. Aus dem Fehlen eines solchen Hinweises kann nicht geschlossen werden, dass es sich um einen freien Warennamen handelt.

Lebensmittelmikrobiologie

Dieses Buch ist ein Arbeitsmittel. Der Leser soll schnell und einfach eventuelle mikrobiologische Risiken für das jeweilige Lebensmittel erkennen und die dazugehörigen Richt- und Warnwerte finden.

Insgesamt wurden unterschiedlichste Quellen von mikrobiologischen Richt- und Warnwerten herangezogen. Die gültigen Regelungen der VO EG 2073/2005 (zuletzt geändert durch VO EG 1441/2007 und VO EG 365/2010) mit der Festsetzung der mikrobiologischen Kriterien für Lebensmittel bilden nicht alle Lebensmittel ab. Dies gilt auch für die veröffentlichten mikrobiologischen Richt- und Warnwerte der Deutschen Gesellschaft für Hygiene und Mikrobiologie (DGHM) zur Beurteilung von Lebensmitteln. Deshalb finden sich in diesem Buch auch Richt- und Warnwerte von Lebensmitteln „älterer" Quellen, die in den offiziellen Verordnungen nicht aufgeführt sind, die für die tägliche Arbeit aber von Bedeutung sein können.

Für Lebensmittel produzierende Betriebe liegt hiermit eine umfassende Übersicht vor, so können eigene Richtwerte im Rahmen der betriebseigenen Qualitätssicherung fundiert festgelegt werden. Zudem sind, soweit vorhanden, auch die amtlichen Werte aufgeführt, die in der Regel aus einer Stichprobenuntersuchung resultieren.

Lebensmittelmikrobiologie – Vorwort

Univ.-Prof. Dr. med. vet.
Günter Klein
(Hannover)

guenter.klein@tiho-hannover.de

Dr. rer. nat.
Burkhard Schütze
(Geesthacht)

b.schuetze@ladr.de

Fachtierarzt für Lebensmittelhygiene sowie Diplomate of the European College of Veterinary Public Health. Studium an der Freien Universität Berlin. Nach Tätigkeit an der FU Berlin und am Bundesinstitut für Riskikobewertung, Berlin, ist er seit 2003 Direktor des Instituts für Lebensmittelqualität und -sicherheit an der Tierärztlichen Hochschule Hannover und Mitglied des Panels of Biological Hazards der Europäischen Behörde für Lebensmittelsicherheit (EFSA). Er ist Visiting Professor an der University of Sarajevo. Sein wissenschaftliches Interesse gilt dem gesundheitlichen Verbraucherschutz und der Lebensmittelmikrobiologie, insbesondere den pathogenen Erregern und Probiotika bzw. Starterkulturen.

Diplom Biologe mit den Schwerpunkten Mikrobiologie, Molekularbiologie und Biochemie sowie amtlich zugelassener Sachverständiger für mikrobiologische Untersuchungen von Lebensmitteln, Futtermitteln und Bedarfsgegenständen. Studium an der Freien Universität Berlin. Die Promotion erfolgte an der Humboldt Universität zu Berlin in Biochemie / Immunologie.
Nach zehn Jahren leitender Position in einem international agierenden Unternehmen der Diagnostikaindustrie ist er seit 1998 im Labor Dr. Kramer & Kollegen in Geesthacht (LADR GmbH MVZ Dr. Kramer und Kollegen) und hier seit 2006 als Laborleiter für den akkreditierten Bereich Lebensmittelanalytik mit dem Schwerpunkt Mikrobiologie der Lebensmittel tätig.

Weil Qualität
Vertrauen schafft

Das Vertrauen des Verbrauchers in die Qualität vieler Lebensmittel wird immer wieder durch Vorkommnisse und Skandale beansprucht. Die Häufigkeit und Zielgenauigkeit von amtlichen Kontrollen ist anscheinend nicht ausreichend, um diese „Versäumnisse" vollständig aufzudecken und zu verhindern. Letztendlich ist die Produktqualität der Lebensmittel das entscheidende Kriterium für den Kauf durch den Verbraucher. Deswegen sind das eigene Qualitätsmanagement im Rahmen des HACCP Konzeptes und weitere Eigenkontrollen entscheidende Qualitätskriterien für jeden Betrieb. Die hohen Anforderungen des Gesetzgebers und das wachsende Qualitätsbewusstsein der Verbraucher erhöhen die Qualitätsanforderungen an Produzenten und Händler. Auch Handelspartner stellen oft eigene, über gesetzliche Vorschriften hinausgehende Anforderungen. Unerlässliche laboranalytische Eigenkontrollen verursachen allerdings Kosten im eigenen Betrieb. Sollten gar pathogene Keime im betriebseigenen Labor im Rahmen der Eigenkontrolle untersucht werden, ist eine entsprechende Erlaubnis nach §44 IfSG sowie Fachpersonal vorgeschrieben. Die betriebsinterne Bereitstellung des Know hows und der Infrastruktur werden somit immer kostenintensiver.

Häufig ist aus diesen Gründen die Zusammenarbeit mit einem externen unabhängigen fachkompetenten Labordienstleister nicht nur aus Kostengründen sinnvoll, sondern auch aus Qualitäts- und Marketingsicht unabdingbar.

Lebensmittelmikrobiologie – Inhalt

Vorwort — 2

Lebensmittelmikrobiologie — 6
Pathogene Keime im Visier – Kurzportraits der 10 wichtigsten pathogenen Keime — 6
Bacillus cereus — 8
Campylobacter jejuni — 10
Clostridium perfringens — 12
Clostridium botulinum — 14
Cronobacter spp. — 16
EHEC (enterohämorrhagische *E. coli*) — 18
Listeria monocytogenes — 20
Salmonella spp. — 22
Staphylococcus aureus — 24
Yersinia enterocolitica — 26
Keime A - Z – für Lebensmittelmittel relevante Keime im Überblick — 28

Schnellanalytik — 33
Schnelltests in der Lebensmittelindustrie (PCR, ATP, LAL) — 34

Viren — 37
Hepatitis-Viren — 38
Noroviren — 40

Allergene — 42
Häufige Allergenquellen im Kindes- und Erwachsenenalter — 43
Zusammenfassende Bewertung allergener Lebensmittel — 43

Mykotoxine — 47

Kurzportrait relevanter Mykotoxine — 48
Vorkommen, Wirkung und Nachweisverfahren — 50
Höchstgehalte für Mykotoxine — 51
Fusarientoxine — 51
Ochratoxin A — 52
Aflatoxine — 53
Patulin — 54

Lebensmittel A-Z – Richt- und Warnwerte — 55

Quellennachweis, Literatur, Weblinks — 56
Fleisch — 58
Fisch und Meer — 72
Milchprodukte — 78
Getreideprodukte, Backwaren — 102
Convenience — 110
Süßes — 126
Getränke — 130
Trinkwasser, Mineralwasser — 137
Legionella pneumohila — 142

Gesetzestexte — 144

Verordnung (EG) Nr. 2073/2005 — 145
ANHANG I – Mikrobiologische Kriterien für Lebensmittel — 159
Kapitel 1. Lebensmittelsicherheitskriterien — 159
Kapitel 2. Prozesshygienekriterien — 164
Kapitel 3. Bestimmungen über die Entnahme und Aufbereitung von Untersuchungsproben — 172
ANHANG II — 174
Schweizer Hygieneverordnung (Auszug) — 175
ANHANG 2 Lebensmittelsicherheitskriterien, Toleranzwerte — 176

Stichwortverzeichnis — 178

Bildnachweis — 194

Keime im Visier

Lebensmittelmikrobiologie

Lebensmittelmikrobiologie – Pathogene Keime im Visier

Mikrobiologische Untersuchungen von Lebensmitteln sind ausgesprochen komplex und erfordern vom untersuchenden Labor und dessen Mitarbeitern Erfahrung und Fachkenntnisse bei der Durchführung und Beurteilung der Ergebnisse nach den entsprechenden Methoden. Die Untersuchungen werden in der Regel nach klassisch-mikrobiologischen Vorschriften oder mit modernen High-Tech-Schnellmethoden durchgeführt. Mit molekularbiologischen Schnellanalysen kann beispielsweise die Untersuchungszeit von Lebensmitteln deutlich verkürzt werden. Diese Methoden eignen sich insbesondere als Screening-Methoden in der Produktion und können bei negativen Ergebnissen als abschließend gewertet werden. Positive Nachweise müssen bestätigt werden. Die eingesetzen Schnellmethoden bieten einen Zeitvorteil bei der Herstellung und der Freigabe von Lebensmitteln.

Im Folgenden werden die **häufigsten zu untersuchenden Keime** vorgestellt, die Lebensmittel verderben oder Erkrankungen durch deren Verzehr verursachen können.

Bei positivem kulturellen Nachweis sollten im Spezial-Labor die Bestätigungen gemäß den geltenden Bestimmungen entweder biochemisch (Bunte Reihe, ELISA), serologisch (Agglutination) oder molekularbiologisch (DNA-Sequenzierung) erfolgen.

Pathogene Keime im Visier

– Portrait der 10 wichtigsten pathogenen Keime	6
Bacillus cereus	8
Campylobacter jejuni	10
Clostridium perfringens	12
Clostridium botulinum	14
Cronobacter spp.	16
EHEC (enterohämorrhagische *E. coli*)	18
Listeria monocytogenes	20
Salmonella spp.	22
Staphylococcus aureus	24
Yersinia enterocolitica	26

Keime A - Z

– für Lebensmittel relevante Keime im Überblick	28

Lebensmittelmikrobiologie – Pathogene Keime im Visier

Bacillus cereus

***Bacillus cereus* kann Lebensmittelintoxikationen und Infektionen verursachen. Erkrankungen durch *Bacillus cereus* sind gekennzeichnet durch Durchfall (Diarrhö-Syndrom) oder Erbrechen (Emetisches Syndrom).**

Der Durchfall wird durch hitzeempfindliche Enterotoxine hervorgerufen. Diese werden von *Bacillus cereus* erst im Dünndarm nach Aufnahme von vegetativen Zellen oder Sporen gebildet. Das Erbrechen (Emetisches Syndrom) wird durch ein hitzestabiles Toxin (Cereulid) verursacht, das von *Bacillus cereus* bereits im Lebensmittel gebildet wird.

Lebensmittelmikrobiologie – Pathogene Keime im Visier

Vorkommen	Erdboden, Wasser, Pflanzen, Verdauungstrakt von Mensch und Tier, Cerealien, getrocknete Lebensmittel, Milch- und Molkereiprodukte, Fleischprodukte	Minimal infektiöse Dosis	$10^4 - 10^8$ Keime bzw. Sporen/g Lebensmittel; Lebensmittel, die > 10^3/g oder mL *B. cereus* enthalten, gelten als nicht sicher
Betroffene Lebensmittel	erhitzte und meist gegarte Lebensmittel wie Fleisch, Gemüsegerichte, Milchprodukte, Reis und andere stärkehaltige Produkte wie Kartoffeln, Nudeln, Suppen, Soßen	Inkubationszeit	Typ Durchfall: 6 – 15 h Typ Erbrechen: 0,5 – 6 h
		Krankheitsdauer	1 Tag
Gefährdete Personen	alle Altersklassen können von Erkrankungen durch *Bacillus cereus* betroffen sein	Vermehrungstemperatur	7°C – 50°C, optimal 30°C
Krankheitssymptome	Typ Durchfall: wässriger Durchfall, Bauchkrämpfe, Übelkeit ohne Erbrechen Typ Erbrechen: Übelkeit und Erbrechen, gelegentlich Bauchkrämpfe und Durchfall, kein Fieber	Minimaler pH-Wert	4,4
		Minimaler a_w-Wert	0,91
		Sauerstoffanspruch	fakultativ anaerob

Besonderheiten

- *Bacillus cereus* ist ein Toxinbildner
- Typ Durchfall: Toxin nicht hitzeresistent (mindestens 56°C, 5 min. zur Inaktivierung)
- Typ Erbrechen: Toxin hitzestabil

Bacillus cereus gehört zur so genannten „Cereus-Gruppe". Weitere Mitglieder dieser Gruppe sind *Bacillus (B.) anthracis, B. mycoides, B. pseudomycoides, B. thuringiensis* und *B. weihenstephanensis*. Diese sind sehr eng miteinander verwandt und auch molekularbiologisch schwer zu differenzieren. Deshalb hat sich der Begriff präsumtive *Bacillus cereus* in der Praxis bewährt.

Tipps

- Lange Warmhaltephasen von Speisen vermeiden
- Toxinbildung besonders häufig auf stärkehaltigen Lebensmitteln wie Reis und Nudeln
- Erneutes Auskeimen der Sporen kann durch konsequente kühle Lagerung bereits erhitzter Speisen verhindert werden

Weitere ausführliche Hinweise:
www.bfr.bund.de
www.efsa.europa.eu

Lebensmittelmikrobiologie – Pathogene Keime im Visier

Campylobacter jejuni

Campylobacter jejuni ist ein Verursacher der weltweit häufigsten bakteriellen Infektionen durch belastete Lebensmittel – fast jedes zweite Masthähnchen ist mit *Campylobacter* spp. kontaminiert.

Campylobacter jejuni kann eine ernste Lebensmittelinfektion, die so genannte Campylobakteriose, verursachen, die zum Teil häufiger auftritt als Lebensmittelinfektionen durch Salmonellen. Weitere Spezies, wie *C. coli* und *C. lari*, weisen die gleichen Charakteristika auf, kommen beim Menschen aber seltener vor.

Lebensmittelmikrobiologie – Pathogene Keime im Visier

Vorkommen	weit verbreitet im Darm von Geflügel, aber auch von Rind, Schaf, Schwein, Hund, Katze, Erdboden, Abwasser	Minimal infektiöse Dosis	500 – 10^4 Keime
Betroffene Lebensmittel	unbehandelte (nicht durcherhitzte) Lebensmittel wie Rohmilch, Fleisch, Geflügel	Inkubationszeit	1 – 5 Tage
		Krankheitsdauer	3 – 5 Tage
Gefährdete Personen	alle Altersklassen sind von Erkrankungen durch Campylobacter betroffen	Vermehrungstemperatur	30°C – 47°C
		Minimaler pH-Wert	4,9
Krankheitssymptome	Fieber, Kopfschmerzen, Bauchkrämpfe, wässriger bis blutiger Durchfall	Minimaler a_w-Wert	0,98
		Sauerstoffanspruch	mikroaerophil 5% O_2

Besonderheiten

- 30 % - 50 % der humanen Campylobakteriosen werden durch Hähnchenfleisch verursacht (meldepflichtig)
- Ca. 40 % (saisonal bis 100 %) der Masthähnchen sind *Campylobacter*-positiv
- saisonal von Frühsommer bis Herbst in Deutschland besonders verbreitet
- Mikroaerophile Lebensweise führt zum schnellen Absterben der Erreger an der Luft
- *Campylobacter* können sich nur in ihren warmblütigen Wirten und nicht in der Umwelt vermehren
- Risikomaterial: ungenügend erhitztes Hähnchenfleisch, Auftauwasser von TK-Geflügel
- Als Komplikation der Campylobacteriose kann in seltenen Fällen eine Erkrankung des Nervensystems, das Guillain-Barré-Syndrom, auftreten

Tipps

- Besondere hygienische Sorgfalt bei der Zubereitung von Geflügelfleisch
- Kontamination anderer Speisen (auch Marinaden) über rohes Fleisch vermeiden
- Durch Kochen, Braten und Pasteurisieren werden *Campylobacter* spp. sicher abgetötet (mindestens zwei Minuten Kerntemperatur von 70°C)
- Gekochte Speisen im Kühlschrank aufbewahren

Weitere ausführliche Hinweise:
www.bfr.bund.de
www.efsa.europa.eu

Clostridium perfringens

Clostridium perfringens **ist häufig Verursacher von lebensmittelbedingten Erkrankungen und kann Lebensmittelinfektionen (Toxiinfektion) verursachen.**

Die Erkrankung kommt erst zustande, wenn sich *Clostridium perfringens* im Lebensmittel vermehrt hat und dieses verzehrt wird. Als Folge bildet *Clostridium perfringens* im Darm Toxine, die die Krankheitssymptome verursachen.

Lebensmittelmikrobiologie – Pathogene Keime im Visier

Vorkommen	Erdboden, Verdauungstrakt von Mensch und Tieren	Minimal infektiöse Dosis	> 10^6 Keime/g Lebensmittel
Betroffene Lebensmittel	rotes Fleisch, Geflügel, Fleischerzeugnisse, Tiefkühl-Fleisch, gekochtes Fleisch	Inkubationszeit	2h – 6 Tage
Gefährdete Personen	Neugeborene, Ältere, Schwangere, Immungeschwächte	Krankheitsdauer	1 Tag, in der Regel gutartiger Verlauf
		Vermehrungstemperatur	15°C – 45°C
Krankheitssymptome	Durchfall, Bauchschmerzen	Minimaler pH-Wert	5,0
		Minimaler a_w-Wert	0,95
		Sauerstoffanspruch	anaerob (aerotolerant)

Besonderheiten

- Heftige Bauchschmerzen und Durchfälle werden fast ausschließlich durch Toxine von *Clostridium perfringens* Typ A verursacht

  Diese Form der Diarrhoe gehört zu den häufigen durch Lebensmittel verursachten Erkrankungen
- *Clostridium perfringens* Typ C kann nach Aufnahme über kontaminierte Lebensmittel (ungenügend gegartes Schweinefleisch) Ursache einer nekrotisierenden Enteritis („Darmbrand") mit hoher Mortalitätsrate sein

Tipps

- Fleischspeisen nach dem Erhitzen unmittelbar servieren
- Speisereste kühlen, vegetative Zellen von *Clostridium perfringens* sind nicht sehr tolerant gegenüber Kälte
- Aufzuwärmende Gerichte genügend erhitzen (Kerntemperatur > 70°C, mind. 2 min.), damit vegetative Zellen inaktiviert werden

Weitere ausführliche Hinweise:
www.bfr.bund.de

Lebensmittelmikrobiologie – Pathogene Keime im Visier

Clostridium botulinum

Clostridium botulinum kann Lebensmittelintoxikationen und bei Säuglingen Infektionen verursachen. Die Erkrankungen kommen selten vor, gehen aber mit einer hohen Sterblichkeitsrate (10-50%) einher.

Lebensmittelmikrobiologie – Pathogene Keime im Visier

Vorkommen	Erdboden, Sedimente von Gewässern, Pflanzen, Verdauungstrakt von Mensch und Tieren	Minimal infektiöse Dosis	orale Aufnahme Toxin A 0,1 – 1,0 µg
Betroffene Lebensmittel	säurearme Konserven, besonders selbst eingekochte Fleisch-, Fisch- und Gemüsekonserven, Vakuumverpackter Knochenschinken und Räucherfisch, Honig	Inkubationszeit	4 h – 4 Tage
		Krankheitsdauer	lebensrettende Maßnahmen, Anti-Toxin-Präparate
Gefährdete Personen	alle Altersklassen, Säuglinge	Vermehrungstemperatur	3,3°C – 50°C
Krankheitssymptome	Atemnot, Sehstörungen, Störungen der Motorik, trockener Mund, Schluckbeschwerden, Durchfall, Atemlähmung, Herzstillstand	Minimaler pH-Wert	4,5 (3,7 Zitronensäure)
		Minimaler a_w-Wert	0,93
		Sauerstoffanspruch	obligat anaerob

Besonderheiten

- Gefährlichste Lebensmittelvergiftung für den Menschen, oft tödlich
- Botulismus durch industriell hergestellte Konserven tritt praktisch nicht mehr auf
- Sporen sind bei 100°C hitzestabil, Toxine hingegen sind hitzelabil (Inaktivierung bei 80°C)
- *Clostridium butyricum* und *Clostridium barattii* können ebenfalls Botulismus-Toxine bilden
- Die Belastung von Lebensmitteln mit Keimen, Sporen oder Toxinen von *Clostridium botulinum* sind meist nicht zu erkennen oder wahrzunehmen, außer im Fall der Aufgasung und Bombage von Konserven

Tipps

- Selbst eingewecktes Gemüse oder Fleisch sollte grundsätzlich zwei Mal erhitzt werden, so genanntes Tyndallisieren. Mit der zweiten Erhitzung werden eventuell ausgekeimte Sporen inaktiviert
- Säuglinge unter einem Jahr sollten keinen Honig bekommen (Schnuller nicht mit Honig bestreichen)

Weitere ausführliche Hinweise:
www.bfr.bund.de
www.efsa.europa.eu

Lebensmittelmikrobiologie – Pathogene Keime im Visier

Cronobacter spp.
(früher *Enterobacter sakazakii*)

Cronobacter spp. kann bei älteren Menschen und Kleinkindern als opportunistischer Erreger in Erscheinung treten. Bei Neugeborenen und Kleinkindern können Meningitiden, eine nekrotisierende Enterocolitis oder Septikämien hervorgerufen werden. Insbesondere Trockenpulver für die Neugeborenenversorgung oder Kleinkinder kann ein Reservoir für *Cronobacter* spp. sein.

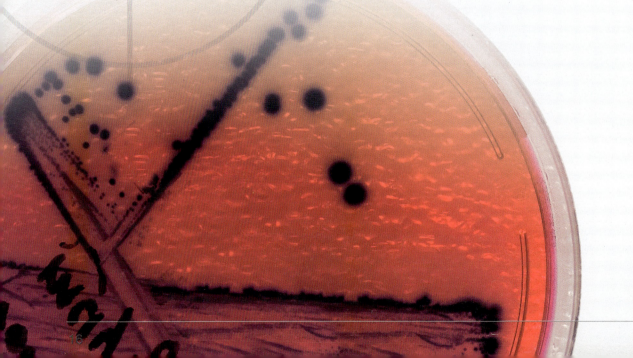

Lebensmittelmikrobiologie – Pathogene Keime im Visier

Vorkommen	in der Umwelt in Wasser und Bodenproben, in Lebensmitteln insbesondere in getrockneten Produkten (Milchprodukte)	Minimal infektiöse Dosis	in Trockennahrung für Neu- und Frühgeborene, Säuglinge und Kleinkinder können einzelne Keime genügen, da bei der Zubereitung eine Vermehrung möglich ist
Betroffene Lebensmittel	getrocknete Lebensmittel, Milchpulver, getrocknete Neugeborenen- und Kleinkindnahrung, Trockenmilch-Säuglingsnahrung	Inkubationszeit	wenige Stunden
		Krankheitsdauer	schwerer Verlauf, mehrer Tage
Gefährdete Personen	Frühgeborene, Neugeborene und Säuglinge, Kleinkinder, ältere Menschen	Vermehrungstemperatur	6°C – 47°C, optimal 37°C
Krankheitssymptome	schwere Meningitis, Septikämie und nekrotisierende Enterocolitis, seltenes Auftreten, aber hohe Mortalität	Minimaler pH-Wert	5,0
		Minimaler pH-Wert	10,0
		Minimaler a_w-Wert	0,95
		Sauerstoffanspruch	fakultativ anaerob

Besonderheiten

- *Cronobacter sakazakii* gehört zur Familie der *Enterobacteriaceae* und ist daher weit verbreitet
- In früheren Veröffentlichungen wird die Spezies als *Enterobacter sakazakii* bezeichnet, die aktuell in das Genus *Cronobacter* reklassifiziert wurde mit mehreren relevanten Spezies, u. a. *Cronobacter sakazakii*
- Diese Spezies sind schwer voneinander zu unterscheiden, daher kann man auch *Cronobacter* spp. auf Genusebene identifizieren
- Eine Bestätigung der Kultur mittels PCR ist anzuraten, es sind kommerzielle Kits zum Nachweis verfügbar

Tipps

- Rekonstituierte Säuglings-Trockenmilch sollte mit kochendem Wasser hergestellt werden und sofort auf Trinktemperatur abgekühlt werden
- Es sollte kein Vorrat zubereitet werden, sondern nur die zum sofortigen Verzehr benötigte Portion hergestellt werden
- Reste sind zu entsorgen und Warmhaltezeiten sind zu vermeiden
- Hersteller sollten die Produktion und die Endprodukte der gefährdeten Lebensmittel, insbesondere Säuglingsnahrung etc., hinsichtlich *Cronobacter* spp. überwachen

Weitere ausführliche Hinweise:
www.bfr.bund.de / www.efsa.europa.eu

Lebensmittelmikrobiologie – Pathogene Keime im Visier

EHEC enterohämorrhagische *E. coli*

Enterohämorrhagische *E. coli* (EHEC) werden auch als Shigatoxin bildende *E. coli* (STEC) und verotoxinogene *E. coli* (VTEC) bezeichnet. STEC Infektionen des Menschen können zur Gastroenteritis führen, die sich bis zum lebensbedrohlichen, postinfektiösen hämolytisch-urämischen Syndrom weiterentwickeln kann.

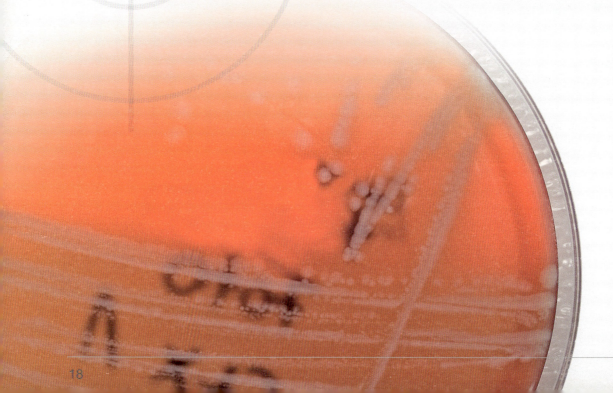

Lebensmittelmikrobiologie – Pathogene Keime im Visier

Vorkommen	Dickdarm von Wiederkäuern (vor allem Rinder), fäkale Kontamination von Wasser und Lebensmitteln	Minimal infektiöse Dosis	< 100 Keime
		Inkubationszeit	1 – 6 Tage
Betroffene Lebensmittel	Rindfleisch, Hackfleisch, nicht durchgegarte Hamburger, Rohmilch, Gemüse, Frischsalate	Krankheitsdauer	Tage bis Wochen
Gefährdete Personen	Neugeborene, Kleinkinder, Kinder, Ältere, Schwangere, Immungeschwächte	Vermehrungstemperatur	8°C – 48°C
		Minimaler pH-Wert	4,0 (säuretolerante Stämme 1,5)
Krankheitssymptome	wässriger oder blutiger Durchfall, hämolytisch-urämisches Syndrom (HUS), Nierenversagen	Minimaler a_w-Wert	0,95
		Sauerstoffanspruch	fakultativ anaerob

Besonderheiten

- Wichtigste EHEC Quelle sind Wiederkäuer, ca. 3% der Rinder sind EHEC-positiv
- Bekanntester EHEC ist EHEC O157:H7
- EHEC sind verhältnismäßig säureresistent und können unbeschädigt die Magenpassage überstehen
- EHEC können gegebenenfalls viele Wochen in der Umwelt überleben
- EHEC Nachweis und die Bestimmung der Virulenzfaktoren sind nur im Speziallabor möglich
- Nicht alle STEC sind EHEC-Stämme, da nicht immer alle Virulenzfaktoren vorhanden sind

Tipps

- Küchenhygiene besonders wichtig
- Fleisch, Rohmilch, Eier sollten nicht mit anderen Lebensmitteln, die roh verzehrt werden (z. B. Salat), in Kontakt kommen
- Durchgaren der Lebensmittel tötet die Erreger ab (Kerntemperatur > 70°C, mind. 10 min.)
- Hackfleisch u. ä. sollte nicht in rohem Zustand von Personen der Risikogruppen verzehrt werden

Weitere ausführliche Hinweise:
www.bfr.bund.de
www.efsa.europa.eu

Lebensmittelmikrobiologie – Pathogene Keime im Visier

Listeria monocytogenes

Listeria monocytogenes können eine seltene aber ernste Lebensmittelinfektion, die so genannte Listeriose verursachen. Diese kann mit einer akuten Meningitis einhergehen, die bei 30% der Erkrankten tödlich endet!

Die Verordnung EG 2073/2005 führt in den Erwägungsgründen auf:

"(2) Lebensmittel sollten keine Mikroorganismen oder deren Toxine oder Metaboliten in Mengen enthalten, die ein für die menschliche Gesundheit unannehmbares Risiko darstellen" sowie "(10) Der Ausschuss gab zur gleichen Zeit eine Stellungnahme zu *Listeria monocytogenes* ab. Darin wird empfohlen, als Ziel die Konzentration von *L. monocytogenes* in Lebensmitteln unter 100 KBE/g zu halten".

Im Verordnungstext heißt es weiter:

"(Artikel 5, 2) Lebensmittelunternehmer, die verzehrfertige Lebensmittel herstellen, welche ein durch *L. monocytogenes* verursachtes Risiko für die öffentliche Gesundheit bergen könnten, haben im Rahmen ihres Probenahmeplans Proben aus den Verarbeitungsbereichen und Ausrüstungsgegenständen auf *Listeria monocytogenes* zu untersuchen."

Lebensmittelsicherheitskriterien

"1.2. Andere als für Säuglinge oder für besondere medizinische Zwecke bestimmte verzehrfertige Lebensmittel, die die Vermehrung von *Listeria monocytogenes* begünstigen können; Grenzwert 100 KBE/g. Dieses Kriterium gilt, sofern der Hersteller zur Zufriedenheit der zuständigen Behörde nachweisen kann, dass das Erzeugnis während der gesamten Haltbarkeitsdauer den Wert von 100 KBE/g nicht übersteigt."

Das heißt, für verzehrfertige Lebensmittel gilt zum MHD ein Grenzwert von 100 KBE *Listeria monocytogenes*/g Lebensmittel

Für verzehrfertige Lebensmittel, die für Säuglinge oder für besondere medizinische Zwecke bestimmt sind, gilt ein Grenzwert für *Listeria monocytogenes* von nicht nachweisbar in 25 g.

Lebensmittelmikrobiologie – Pathogene Keime im Visier

Vorkommen	Erdboden, Pflanzen, Kompost, Silage, Abwässer, Kot von Haus- und Nutztieren	Minimal infektiöse Dosis	keine eindeutige Datenlage, bei Gesunden 10^4 Keime/g Lebensmittel Hochrisikogruppe z. B. Schwangere 10 Keime/g Lebensmittel Grenzwert lt. EG 2073/2005 100 Keime/g Lebensmittel* (bzw. n.n. / 25 g)
Betroffene Lebensmittel	rohes Fleisch, Rohwurst, Rohmilch und Rohmilchkäse, roher und geräucherter Fisch, Fleisch- und Geflügelerzeugnisse, Frischgemüse und klein geschnittene und verpackte Blattsalate	Inkubationszeit	3 Tage bis zu 10 Wochen
Gefährdete Personen	Neugeborene, Ältere, Schwangere, Immungeschwächte	Vermehrungs- temperatur	-0,4°C – 45°C ... also auch im Kühlschrank!
Krankheits- symptome	unspezifisch und grippeähnlich, Fieber, Muskelschmerzen, Septikämie, Fehlgeburten, Meningitis (Sterblichketisrate ca. 30%)	Minimaler pH-Wert	4,3 – 4,6
		Minimaler a_w-Wert	0,92
		Sauerstoffanspruch	aerob bis mikroaerophil, Vermehrung unter Vakuum und modifizierter Atmosphäre möglich

Besonderheiten

- Listerien führen nicht zum Verderb von Lebensmitteln
- Aussehen und Geruch der Lebensmittel bleiben bei Befall unverändert
- Säuglings-, Kleinkindernahrung und Lebensmittel für immungeschwächte Personen und Schwangere müssen frei von *Listeria monocytogenes* sein
- Pathogen für Schafe, Ziegen, Rinder, Geflügel

Tipps

Gefährdete Personen sollten

- Lebensmittel tierischen Ursprungs nicht roh verzehren
- auf verpackten Räucherlachs und Graved Lachs verzichten
- Rohmilchweichkäse meiden und Käserinde immer entfernen
- Blattsalate selbst frisch zubereiten

Durch Kochen, Braten und Pasteurisieren werden Listerien abgetötet (mindestens 2 Minuten Kerntemperatur von 70°C)

Weitere ausführliche Hinweise:
www.bfr.bund.de
www.efsa.europa.eu

* siehe auch Kapitel Gesetzestexte ab Seite 142

Lebensmittelmikrobiologie – Pathogene Keime im Visier

Salmonella spp.

Salmonellen können die sehr häufige Lebensmittelinfektion Salmonellose verursachen. Durch Enteritis erregende Salmonellen kann es zur Entzündung der Darmschleimhaut kommen, dies führt vorwiegend zu Brechdurchfällen. Infektionen durch Salmonellen der Thypus-Parathyphus-Gruppe können zu einer systemischen Allgemeinerkrankung führen (Typhus, Paratyphus), in Deutschland eher selten.

Laut einer Studie der EFSA sind die fünf am häufigsten von Schweine-Schlachtkörpern isolierten Serovare *S.* Typhimurium, *S.* Derby, *S.* Infantis, *S.* Bredeney und *S.* Brandenburg. Die zuerst genannten drei Serovare sind häufige Verursacher von *Salmonella*-Infektionen in der Bevölkerung in der Europäischen Union. In der Studie war *S.* Typhimurium der am häufigsten von der Oberfläche der Schlachtkörper der Schweine isolierte Serovar und wurde bei 49,4 % der *Salmonella*-positiven Schlachtkörper identifiziert. Der zweithäufigste Serovar war *S.* Derby (bei 24,3 % der positiven Schlachtkörper).

Lebensmittelmikrobiologie – Pathogene Keime im Visier

Vorkommen	weltweit, Mensch, Haustiere, Wildtiere, Geflügel, Vögel, Nager	Minimal infektiöse Dosis	> 10^5 Keime, bei gefährdeten Personen 1 – 10 Keime
Betroffene Lebensmittel	Rohmilch, rohes Fleisch, Frischeier, Gewürze, Auftauwasser von TK-Geflügel, nicht durcherhitzte Backwaren (*Salmonella* Typhi, *Salmonella* Paratyphi vor allem durch Kontaktinfektion, Wasser und Lebensmittel)	Inkubationszeit	6 – 72 h (bis 7 Tage)
		Krankheitsdauer	einige Tage
		Vermehrungstemperatur	7°C – 47°C, optimal 37°C
Gefährdete Personen	Neugeborene, Ältere, Schwangere, Immungeschwächte	Minimaler pH-Wert	4,1
		Minimaler a_w-Wert	0,95
Krankheitssymptome	Kopf- und Bauchschmerzen, Durchfall, Fieber, Übelkeit, Erbrechen	Sauerstoffanspruch	fakultativ anaerob

Besonderheiten

- Salmonellen sind außerhalb des menschlichen bzw. tierischen Körpers wochenlang lebensfähig, z. B. 2,5 Jahre in getrocknetem Kot nachweisbar
- Salmonellen verursachen häufig durch Lebensmittel übertragene Erkrankungen
- Meldepflichtig
- Mehr als 2500 Serovare bekannt, nach *Campylobacter* zweithäufigster Verursacher von Durchfallerkrankungen
- Infektionsdosis bei Kindern: > 10^5 Keime, Infektionsdosis bei Immungeschwächten und älteren Personen: > 1 Keim
- Hauptreservoir für die Enteritis erregenden Salmonellen ist der Darmtrakt zahlreicher Nutz- und Wildtierarten

Tipps

- Küchen-, Verarbeitungs- und Händehygiene beachten
- Rohes Fleisch getrennt von anderen Lebensmitteln immer kühl lagern
- Durch Kochen, Braten und Pasteurisieren werden Salmonellen sicher abgetötet (mindestens zwei Minuten Kerntemperatur von 70°C)
- Gekochte Speisen im Kühlschrank aufbewahren
- Tiefgekühlte Ware nicht bei Raumtemperatur auftauen, sondern im Kühlschrank

Weitere ausführliche Hinweise:
www.bfr.bund.de
www.efsa.europa.eu

Staphylococcus aureus

Staphylococcus aureus kommt häufig auf der Haut und Schleimhaut des Menschen vor. *Staphylococcus aureus* kann sich in geeigneten Lebensmitteln vermehren und gegebenfalls hitzestabile Toxine bilden. Schon kurz nach dem Verzehr des kontaminierten Lebensmittels kann es zum Erbrechen kommen.

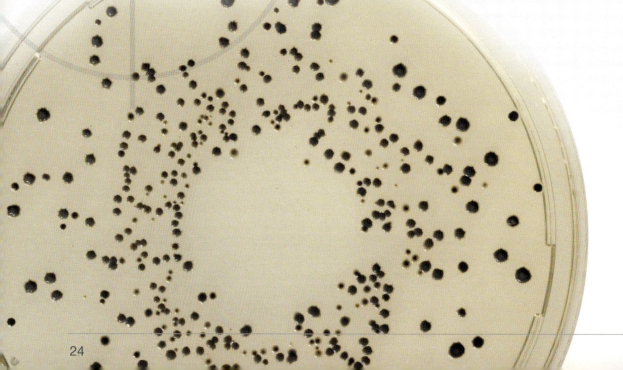

Lebensmittelmikrobiologie – Pathogene Keime im Visier

Vorkommen	Haut und Schleimhäute von Mensch und Tier, hauptsächlich Hände, Nasen, Rachenraum beim Menschen	Minimal infektiöse Dosis	0,1 – 0,2 µg Enterotoxin
Betroffene Lebensmittel	Proteinreiche Lebensmittel, Backwaren, Sahnetorten, Aufschnitt, Milch- und Milcherzeugnisse, eihaltige Lebensmittel, Speiseeis, Sahnesaucen, Schinken, Putenfleisch, Hühnerfleisch	Inkubationszeit	0,5 h – 8 h
		Krankheitsdauer	1 – 2 Tage
		Vermehrungstemperatur	7°C – 47°C
Gefährdete Personen	Neugeborene, Ältere, Schwangere, Immungeschwächte, alle Altersklassen	Minimaler pH-Wert	4,0
		Minimaler a_w-Wert	0,83
Krankheitssymptome	Übelkeit, Erbrechen, Durchfall, Bauchkrämpfe, Kreislaufbeschwerden, Kopfschmerzen	Sauerstoffanspruch	fakultativ anaerob

Besonderheiten

- *Staphylococcus aureus* ist Koagulase-positiv und ist human- und veterinärmedizinisch von großer Bedeutung. Krankenhaushygienisch besonders relevant und gefürchtet sind methicillinresistente *St. aureus*-Stämme (MRSA)
- *Staphylococcus aureus* ist einer der häufigsten Eitererreger beim Menschen und kann Furunkel, Wundinfektionen usw. verursachen
- Bei > 10^5 KBE *Staphylococcus aureus* / g Lebensmittel können Enterotoxine (A-E) gebildet werden. Diese Enterotoxine sind hitzestabil und können Lebensmittelvergiftungen verursachen. Lebensmittel werden meistens durch den Menschen über eitrige Wunden, Niesen, Husten und Händekontakt kontaminiert

Tipps

Personalhygiene in Lebensmittel verarbeitenden Betrieben ist besonders wichtig, d. h.

- Nicht mit Wunden an den Händen in der Lebensmittelproduktion arbeiten
- Sorgfältige Händehygiene und Desinfektion
- Saubere Arbeitskleidung
- Haarschutz
- Konsequente Einhaltung der Kühlkette

Weitere ausführliche Hinweise auch zu Risiken von MRSA in Lebensmitteln und Tieren:
www.bfr.bund.de
www.efsa.europa.eu

Yersinia enterocolitica

Yersinia enterocolitica kann über kontaminierte Lebensmittel akute, fieberhafte Darmentzündungen und Durchfälle verursachen.

Lebensmittelmikrobiologie – Pathogene Keime im Visier

Vorkommen	Schweine, Wild-, Nutz-, Heimtiere, Erdboden, Oberflächenwasser	Minimal infektiöse Dosis	Keine einheitliche Datenlage, vermutlich > 10^4 KBE *Yersinia enterocolitica*/g Lebensmittel
Betroffene Lebensmittel	Schweinefleisch, Schweinezungen, nicht erhitzte Schweinefleischprodukte (Schweinemett)	Inkubationszeit	1 – 21 Tage
Gefährdete Personen	Kinder und Jugendliche sind am häufigsten betroffen, Ältere, Schwangere, Immungeschwächte	Krankheitsdauer	1 – 2 Tage
		Vermehrungstemperatur	0°C – 44°C
Krankheits-symptome	wässriger Durchfall, kolikartige Bauchschmerzen, Erbrechen, Fieber	Minimaler pH-Wert	4,2
		Minimaler a_w-Wert	0,95
		Sauerstoffanspruch	Fakultativ anaerob

Besonderheiten

- Klinisch gesunde Schweine sind häufiges Erregerreservoir und können so in die Lebensmittelkette gelangen
- Die Infektion mit *Yersinia enterocolitica* kann zu langwierigen Arthritiden und anderen chronisch-entzündlichen Zuständen führen
- Krankheitsbild kann Blinddarmentzündungen ähnlich sein

Tipps

- Gefährdete Personen sollten auf Verzehr von rohem Schweinefleisch verzichten
- Nur pasteurisierte Milch und Milchprodukte verzehren
- Händewaschen nach Umgang mit rohem Fleisch unerlässlich, auch die Säuberung der Fingernägel beachten
- Küchenhygiene beachten, unrein von rein trennen
- In Schlachtbetrieben sollten vor der Zerlegung der Kopf und Hals von Schweinen gesondert verarbeitet werden, um eine Kontamination des Fleisches zu verhindern

Keime A-Z
für Lebensmittelmittel relevante Keime im Überblick

Acinetobacter spp.
- **V** Eiweißreiche Lebensmittel wie Fleisch u. a.

Aerobe mesophile Gesamtkeimzahl
- **V** Alle Lebensmittel

Anaerobe Gesamtkeimzahl
- **V** Alle Lebensmittel

Aeromonaden
- **V** Eiweißreiche Lebensmittel wie Fleisch u. a.

Aerobe Sporenbildner
- **V** Alle Lebensmittel

Anaerobe Sporenbildner
- **V** Alle Lebensmittel

Alcaligenes
- **V** Eiweißreiche und fetthaltige Lebensmittel

Alicyclobacillus acidoterrestris
- **V** Fruchtsaft, Fruchtsaftgetränke (Geschmacksveränderung)
- ▷ Sporenbildner; Wachstum noch bei pH 3; thermophil

Aspergillus spp.
- **V** **P** Nüsse, Cerealien, Lebensmittel mit niedrigem a_w-Wert
- ➤ siehe Kapitel Mykotoxine Seite 46

Brochothrix thermosphacta
- **V** Fleisch und Geflügel, eiweißreiche Lebensmittel

Bacillus cereus
- **P** Erhitzte und meist gegarte Lebensmittel wie Fleisch, Gemüsegerichte, Milchprodukte, Reis und andere stärkehaltige Produkte wie Kartoffeln, Nudeln, Suppen, Soßen
- **V** Milchprodukte
- ▷ Sporenbildner; Toxinbildner; Lebensmittelvergiftungen bei Keimzahlen $> 10^6/g$
- ➤ siehe Seite 8

Bacillus spp.
- **V** Sporenbildner, alle Lebensmittel

Bifidobacterium spp.
- **T** Sauermilcherzeugnisse, Probiotika

Byssochlamys spp.
- **V** Obstkonserven, Fruchtsäfte
- ▷ Ascosporen des Schimmelpilzes sind hitzeresistent (70°C mehrere Stunden)

P = pathogen **V** = Verderb **T** = technisch erwünscht ▷ = Hinweis

Lebensmittelmikrobiologie – Keime A-Z

Campylobacter spp., C. jejuni, C. coli

- **P** Unbehandelte (nicht durcherhitzte) Lebensmittel wie Rohmilch, Fleisch, Geflügel
- ▷ Bedeutendster Erreger bakteriell bedingter und durch Lebensmittel ausgelöster Durchfallerkrankungen
- ➤ siehe Seite 10

Carnobacterium

- **V** Fleisch, Fleischprodukte, Geflügel, (Säuerung)

Clostridium spp.

- **V** Käse, Fleischerzeugnisse, pasteurisierte Feinkosterzeugnisse, Frucht- und Gemüsekonserven, hitzekonservierte Lebensmittel
- ▷ Proteolytisch anaerobe Keime; Sporen- und Toxinbildner

Clostridium botulinum

- **P** Säurearme Konserven, besonders selbst eingekochte Fleisch-, Fisch- und Gemüsekonserven, vakuumverpackter Knochenschinken und Räucherfisch, Honig
- ▷ Anaerober Sporenbildner; Neurotoxinbildner; Säuglingsbotulismus durch Bienenhonig
- ➤ siehe Seite 14

Clostridium esterteticum

- **V** Rotes Fleisch, insbesondere Rind und Wild, vakuumverpackt und tiefgefroren
- ▷ Problematisch beim Umverpacken von Importware

Clostridium perfringens

- **P** Rotes Fleisch, Geflügel, Fleischerzeugnisse, Tiefkühl-Fleisch, gekochtes Fleisch
- ▷ Anaerober Toxin- und Sporenbildner
- ➤ siehe Seite 12

Clostridium tyrobutyricum

- **V** Käse, Spätblähung, Buttersäuregärung
- ▷ Sporenbelastung Silage; Melkhygiene

Coliforme Keime

- **V** zahlreiche Lebensmittel
- ▷ Häufig nachzuweisen bei unzureichender Betriebshygiene; coliforme Keime gehören zu den Enterobacteriaceae

Cronobacter spp.

- **P** Getrocknete Lebensmittel, Milchpulver, Vorkommen in Neugeborenen- und Kleinkindnahrung (getrocknet) (Trockenmilch-Säuglingsnahrung) ist möglich
- ▷ Kontaminant von Säuglingsnahrung; kann ursächlich beteiligt sein bei nekrotisierender Darmentzündung (Enterocolitis), Gehirnhautentzündung (Meningitis) und Sepsis, insbesondere bei Frühgeborenen
- ➤ siehe Seite 16

Enterobacteriaceae

- **V** Indikatorkeime für fäkale Verunreinigungen von Trinkwasser und Lebensmitteln, Fleisch, Fisch, Milch und Milchprodukte, Getreide, Convenienceprodukte
- ▷ Obligat pathogene Gattungen: *Salmonella, Shigella, Yersinia pestis*; fakultativ pathogene Gattungen: *Escherichia, Citrobacter, Enterobacter, Proteus, Yersinia*

Escherichia coli

- **V** Indikator für fäkale Verunreinigungen von Trinkwasser und Lebensmitteln
- ▷ Fakultativ pathogen; geeignetster Markerorganismus für einen potentiellen Hygienemangel bzw. für eine Gesundheitsgefährdung

---

P = pathogen   **V** = Verderb   **T** = technisch erwünscht   ▷ = Hinweis

Lebensmittelmikrobiologie – Keime A-Z

EHEC (enterohämorrhagische *E. coli*)

- 🅟 Rindfleisch, Hackfleisch, nicht durchgegarte Hamburger, Rohmilch, Gemüse, Frischsalate
- ▷ Bedeutsamste Infektionsquelle sind rohe oder nicht durchgegarte Rindfleischprodukte; Toxinbildner (bekanntester Vertreter *E. coli* O157:H7); kann lebensbedrohliches Hämolytisch-urämisches Syndrom auslösen (HUS). Andere pathogene *E. coli*:
  EIEC (enteroinvasiv)
  EPEC (enteropathogen)
  ETEC (enterotoxisch)
- ➤ siehe Seite 18

Enterobacter sakazakii

- ➤ *Cronobacter* spp.

Enterokokken

- 🆅 Vakuumverpackte Brühwurste und Kochschinken, Fleisch (Vergrünung, u.a.)
- 🆃 Starterkulturen für Fetakäse, u.a.
- ▷ Indikator für fäkale Verunreinigungen von Trinkwasser

Flavobacterium spp.

- 🆅 Milch, Frischfleisch, Fisch

Fusarium spp.

- 🆅 🅟 Getreide, Getreideprodukte
- ➤ siehe Kapitel Mykotoxine Seite 46

Geotrichum candidum

- 🆅 Früchte, Frucht- und Gemüsesäfte, Starterkultur für Brie

Gluconobacter oxidans

- 🆅 Bier, alkoholische kohlenhydrathaltige Getränke

Hefen und Schimmelpilze

- 🆃 Hefen und Schimmelpilze haben einen großen Nutzen zur Herstellung von Lebensmitteln, spielen allerdings auch eine Rolle als Verderbsorganismen.
- 🆅 Osmotolerante Hefen können beispielsweise zum Verderb von Lebensmitteln mit geringer Wasseraktivität führen. Unerwünschte Hefen können Bombagen verursachen. Hefen stellen ganz besondere Anforderungen an die Umgebung, in der sie leben und sich vermehren. Neben Nährstoffen benötigen sie ein Milieu, in dem Feuchtigkeit, Temperatur, Säuregrad und Sauerstoffgehalt stimmen müssen. Schimmelpilze gedeihen hauptsächlich auf kohlenhydratreichen Lebensmitteln und auf eiweißhaltigen Medien. Besonders gefährdete Nahrungsmittel sind Nüsse, Getreide, Obst und Brot.
- 🅟 Zahlreiche Schimmelpilze bilden Mykotoxine. Da Schimmelpilze sehr viele Sporen bilden, die über die Luft verbreitet werden, gelten sie auch als Auslöser für Allergien. Alleine in Deutschland sind 30% der Allergiker von einer Schimmelpilzallergie betroffen.

Osmotolerante Hefen

- 🆅 Honig, Marzipan, Schokolade, Konfitüre, Fruchtpulpe, Feinkostprodukte, Kondensmilch, Trockenfrüchte
- ▷ Häufigster Vertreter in zuckerreichen Lebensmitteln (geringer a_w-Wert) ist *Zygosaccharomyces rouxii*, aber auch *Saccharomyces cerevisiae*; wenn nach 10-tägiger Bebrütung keine Hefen nachweisbar sind, gilt die Probe als frei von osmotoleranten Hefen

🅟 = pathogen   🆅 = Verderb   🆃 = technisch erwünscht   ▷ = Hinweis

Lebensmittelmikrobiologie – Keime A-Z

Kocuria varians

- **T** Starterkultur für Rohwurst

Lactobacillus spp.

- **V** Getränke, Feinkostprodukte, Milch und Milchprodukte, Getreideprodukte, Bier u. a.
- **T** Fermentation, Sauerkraut, Sauerteig, Joghurt, Kefir, Käse, Rohwurst, probiotische Kulturen u. a.
- ▷ Milchsäurebildung; Bacteriocine; nicht erwünschte Histaminbildung

Lactococcus spp.

- **T** Milchprodukte, Käse, Buttermilch u. a.

Leuconostoc spp.

- **V** Feinkosterzeugnisse, Flüssigzucker, Getränke, vakuumverpacktes Frischfleisch, Brühwurst, Marmelade u. a.
- **T** Dickmilch, Sauerrahmbutter, Sauerkraut, Dextranherstellung
- ▷ Fermentation von Wein; biologischer Säureabbau

Listeria monocytogenes

- **P** Rohes Fleisch, Rohwurst, Rohmilch und Rohmilchkäse, roher und geräucherter Fisch, Fleisch- und Geflügelerzeugnisse, Frischgemüse und klein geschnittene und verpackte Blattsalate
- ▷ Kann Listeriose verursachen; Säuglings-, Kleinkindernahrung und Lebensmittel für immungeschwächte Personen und Schwangere müssen frei von Listerien sein; pathogen für Schafe, Ziegen, Rinder, Geflügel
- ➤ siehe Seite 20

Micrococcus spp.

- **V** Zahlreiche Lebensmittel
- **T** Reifung und Aromabildung Käse, Rohwurst, Rohschinken

Milchsäurebakterien

- **V** Fleisch, Fleischerzeugnisse, Fisch, Fischerzeugnisse, Feinkostprodukte, Milch und Milchprodukte, Getreideprodukte, Bier u. a.
- **T** Starterkulturen: Sauerkraut, Sauerteig, Joghurt, Kefir, Käse, Oliven, Rohwurst, Schinken, probiotische Kulturen u. a.
- ▷ Milchsäurebildung; Bacteriocine; Bildung biogener Amine (Fischsaucen, Käse, Wein, Sauerkraut u. a.)

Moraxella

- **V** Fleisch, Fisch, Meeresfrüchte, Milch

Megasphera

- **V** Bier

Photobacterium phosphoreum

- **V** Frischer und gefrorener Fisch (vakuumverpackt), Räucherfisch

Pseudomonas spp.

- **V** Fleisch, Fisch, Geflügel, Milch, Eier und eiweißreiche Lebensmittel
- **P** *Pseudomonas aeruginosa*: Wundinfektion, Augeninfektion; bei Kindern nach oraler Aufnahme Brechdurchfall, i. d. R. nicht lebensmittelbedingt

Pectinatus

- **V** Bier

P = pathogen   **V** = Verderb   **T** = technisch erwünscht   ▷ = Hinweis

Lebensmittelmikrobiologie – Keime A-Z

Pediococcus spp.

- **V** Bier, Wein, Feinkosterzeugnisse, Fleischprodukte
- **T** Starterkultur für Rohwurst

Propionibacterium spp.

- **V** Oliven
- **T** Starterkulturen bei Käse, Reifung, Lochbildung
- ▷ *Propionibacterium acnes*; Mitverursacher der Akne

Salmonella spp.

- **P** Rohmilch, rohes Fleisch, Frischeier, Gewürze, Auftauwasser von TK-Geflügel, nicht durcherhitzte Backwaren (*Salmonella* Typhi, *Salmonella* Paratyphi vor allem durch Kontaktinfektion, Wasser und Lebensmittel)
- ▷ Mehr als 2500 Serovare bekannt; nach *Campylobacter* zweithäufigster Verursacher von Durchfallerkrankungen; Infektionsdosis > 10^5; bei Kindern, Immungeschwächten und älteren Personen genügen 1-10 Keime; Hauptreservoir für die Enteritis erregenden Salmonellen ist der Darmtrakt zahlreicher Nutz- und Wildtierarten
- ➤ siehe Seite 22

Shewanella putrefaciens

- **V** Fisch und andere eiweißreiche Lebensmittel
- ▷ Wichtigster Verderbniserreger bei Fisch; beim Abbau der Aminosäuren entstehen biogene Amine wie Trimethylamin und Histamin

Staphylococcus spp.

- **V** Zahlreiche Lebensmittel
- **T** *Staphylococcus carnosus*, *Staphylococcus psylosus*, *Staphylococcus equorium* Starterkulturen für Rohwurst und Schinken

Staphylococcus aureus

- **P** Proteinreiche Lebensmittel, Backwaren, Sahnetorten, Aufschnitt, Milch und Milcherzeugnisse, eihaltige Lebensmittel, Speiseeis, Sahnesaucen, Schinken, Putenfleisch, Hühnerfleisch
- ▷ Lebensmittel können durch unzureichende Hygiene kontaminiert werden; Toxinbildner; Enterotoxine sind hitzestabil; Vorbeugung durch gute Personalhygiene! Nach Verzehr von kontaminierten Lebensmitteln können Durchfälle, Übelkeit und Erbrechen auftreten; häufigster Eitererreger bei Menschen und Tieren
- ➤ siehe Seite 24

Vibrio spp.

- **V P** Fisch- und andere Meeresfrüchte
- ▷ in warmen Meeresgewässern verbreitet; bei pathogenen Spezies (V. cholerae, V. parahaemolyticus) müssen Pathogenitätsfaktoren nachgewiesen werden

Yersinia enterocolitica

- **P** Schweinefleisch, Schweinezungen, nicht erhitzte Schweinefleischprodukte (Schweinemett)
- ▷ In der Umwelt weit verbreitet; psychrophil, d.h. Wachstum auch bei -1°C – 4°C; wird durch Nutz- und Haustiere sowie durch wildlebende Tiere übertragen
- ➤ siehe Seite 26

Zygosaccharomyces spp.

- **V** Getrocknete Lebensmittel, Marzipanrohmasse, Fruchtsäfte

P = pathogen   **V** = Verderb   **T** = technisch erwünscht   ▷ = Hinweis

Schnelltests in der Lebensmittelindustrie

Die wichtigsten Testverfahren sind der PCR-Test (Polymerase Chain Reaction), der ATP-Test (Adenosintriphosphat) sowie der LAL-Test (Limulus-Amöbozyten-Lysat), die im Folgenden vorgestellt werden. Neben den genannten Schnelltests gibt es weitere auf Basis der Impedanzmessung sowie immunolgische ELISA- oder ELFA-Tests.

PCR-Test

DNA-Analysen beeinflussen Entscheidungen im juristischen, medizinischen und wirtschaftlichen Umfeld. Dies ist Dank der rasanten Entwicklung der PCR-Technik möglich geworden. In den meisten Dienstleistungs- und Qualitätssicherungslaboratorien für die Lebensmittelindustrie wird die „PCR" eingesetzt und liefert schnelle Ergebnisse. Aber nur wenige Labore verfügen über Kenntnisse und Möglichkeiten PCR-Produkte zur Identifizierung einer Vielzahl von Bakterien und Pilzen zu nutzen.

Mikrobiologische Untersuchungen von Lebensmitteln sind ausgesprochen komplex und erfordern vom untersuchenden Labor und dessen Mitarbeitern Erfahrung und Fachkenntnisse bei der Durchführung und Beurteilung der Ergebnisse nach den entsprechenden Methoden. Die Untersuchungen werden nach klassisch-mikrobiologischen Vorschriften oder immer häufiger mit modernen High-Tech-Schnellmethoden durchgeführt. Mit molekularbiologischen Schnellanalysen kann beispielsweise häufig die Untersuchungszeit von Lebensmitteln deutlich verkürzt werden.

Die PCR ist so „populär", weil es mittels dieser Technik möglich ist, aus nahezu jedem biologischen Material ausreichend DNA für weitere Analysen zu gewinnen. In der Lebensmittelindustrie werden PCR-Methoden hauptsächlich für die folgenden Untersuchungen eingesetzt:

- Nachweis und Identifizierung von Mikroorganismen
- Tier- und Pflanzenartendifferenzierungen
- Allergennachweise
- Nachweise von gentechnisch veränderten Organismen oder veränderter DNA

Die klassischen kulturellen Nachweise für Bakterien sind zeitintensiv, eine gegebenenfalls anschließende nötige Isolierung und biochemische Identifikation aufwändig. Die PCR hingegen ist schnell, spezifisch und sensitiv. Bei vielen Fragestellungen haben aber nach wie vor kulturelle Verfahren ihre berechtigten Vorteile. Häufig sind die unterschiedlichen Methoden miteinander gekoppelt.

Der PCR ist beispielsweise für den Nachweis von pathogenen Keimen ein kultureller Anreicherungsschritt vorgeschaltet. Geräte, spezifische Reagenzien und Primer sind mittlerweile so aufeinander abgestimmt, dass die Durchführung einfach und die Ergebnisse zuverlässig sind. So können auch ohne fundierte molekularbiologische Erfahrungen DNA-Analysen in Laboren durchgeführt werden. In der amtlichen Sammlung von Untersuchungsverfahren nach § 64 LFGB sind folgende Bakterien-Nachweise mittels PCR aufgeführt:

Schnellanalytik Analytik

Bakterium	Verfahren
Salmonella	L 00.00-52, L00.00-98
STEC	L 07.18-1
Campylobacter jejuni, C. coli	L 00.00-96
Listeria monocytogenes	L 00.00-95

Zum Nachweis von gentechnisch veränderten Organismen oder gentechnisch veränderter DNA existiert eine Fülle weiterer Untersuchungsvorschriften, die unter § 64 LFGB aufgeführt sind. Darüber hinaus stellt die Industrie eine große Anzahl unterschiedlicher PCR-Nachweise zur Verfügung.

Der Goldstandard zur Identifizierung von Mikroorgansimen

- 16S-rDNA-Sequenzierung von Bakterien, bzw. DNA-DNA Hybridisierung des Gesamtgenoms
- ITS-Sequenzierung bei Pilzen

Sind die technischen, personellen und fachlichen Möglichkeiten im Labor vorhanden, kann die PCR-Technik zur sicheren Identifizierung von Mikroorganismen beitragen, denn die Vervielfältigung der „Ziel-DNA" ist hier für die weiteren Analysen ebenfalls nötig. Stammbäume der Organismen beruhen auf Sequenzanalysen ribosomaler RNA (rRNA). Sequenzvergleiche in Datenbanken können einerseits dazu genutzt werden, Verwandschaftsverhältnisse der Organismen aufzuklären, anderseits zur Identifizierung der Art herangezogen werden. Dieser Datenvergleich wird als BLASTen (Basic Local Alignment Search Tool) bezeichnet. Bei Bakterien steht die 16S rRNA-Sequenz, bei Pilzen die ITS-Sequenz im Focus des Interesses. Bei Pilzen unterschiedlicher Gattungen, wie beispielsweise *Penicillium* spp., *Aspergillus* spp. oder Hefen, werden die so genannten nicht kodierenden ITS-Regionen (internal transcribed spacers) zwischen den einzelnen RNA-Untereinheiten zur sicheren Identifizierung verglichen.

Wissen und Erfahrung sind erforderlich

Diese Technik erfordert besonders ausgebildetes Personal und einen hohen Grad an technischem Geräteeinsatz (siehe auch Methodensammlung der Bund / Länder-Arbeitsgemeinschaft Gentechnik; Identifizierung von Bakterien durch Sequenzierung der 16S-rDNA-Amplifikate). Trotz technischer Vereinfachungen bei der Durchführung der PCR, gilt für die Sequenzierung, dass hier für die sachgemäße Durchführung, Interpretation und Analyse der Daten immer noch ein hoher Grad an Erfahrung und Wissen erforderlich ist. Für Fragestellungen bei Hygieneproblemen, bei der sicheren Bestimmung von Verderbskeimen oder der Überprüfung von Starterkulturen, ist die exakte Bestimmung der Art mit dem Goldstandard der DNA-Sequenzierung gefragt und dank der PCR möglich.

Schnellanalytik

ATP-Test

ATP (Adenosintriphosphat) ist in jeder lebenden Zelle vorhanden. Mit dem ATP-Test soll der mikrobielle ATP-Gehalt in Lebensmitteln erfasst werden, damit indirekt der Keimgehalt der Probe bestimmt werden kann. Der ATP-Test ist zur Untersuchung von Fleisch, Fleischprodukten, Milch, Starterkulturen und Getränken geeignet. Somatisches ATP (etwa vom Fleisch) kann neutralisiert werden.

Testprinzip:
Im Labor wird das zu bestimmende ATP der Probe unter definierten Bedingungen in AMP und Licht umgewandelt. Die Intensität des entstehenden Lichtes ist der Zellkonzentration an ATP direkt proportional.

Hygienekontrollen mit dem ATP-Test
Der ATP-Test wird auch eingesetzt, um anhand der Messung von Adenosintriphosphat (ATP) die Sauberkeit von Oberflächen und Wasserproben zu bestimmen. Es ist ein brauchbarer Test, um erste orientierende Aussagen über den Hygienezustand zu erhalten.
Ein positives Testergebnis deutet auf eine Kontamination hin.

LAL-Test

Der LAL-Test ist eine schnelle, spezifische und hochempfindliche Methode zum quantitativen Nachweis toter und lebender Gram-negativer Bakterien in flüssigen und festen Lebensmitteln, Milch, Flüssigei, Fleischprodukten und anderen Rohstoffen zur Herstellung von Lebensmitteln.

Testprinzip:
Das Testprinzip beruht auf der Eigenschaft des Blutes des Pfeilschwanzkrebses (*Limulus polyphemus*) bei einer Infektion mit Gram-negativen Bakterein zu gerinnen. Der Limulus-Krebs hat nur eine Art von Blutzellen, die Amöbozyten genannt werden. Die Amöbozyten enthalten Pro- und Agglutinationsenzyme, die in Anwesenheit von Zellwandbestandteilen von Gram-negativen Bakterien, so genannten Lipopolysacchariden (LPS) oder Endotoxinen, aktiviert werden. Im Labor werden die Blutzellen des Krebses mit der Probe und den Testreagenzien in speziellen Gefäßen gemischt und inkubiert. Bildet sich ein festes Gel, ist der Test positiv.

Der LAL-Test wird häufig zur Überprüfung von Eiprodukten genutzt, die zur Weiterverarbeitung z.B. in Teigwaren vorgesehen sind. Nach Eingang der Probe im Labor liegt das Ergebnis bereits nach spätestens zwei Stunden vor. Ist das Ergebnis positiv, liegt eine Kontamination mit Gram-negativen Keimen vor. Die Annahme der Ware kann gegebenenfalls verweigert werden.

Auch in der Pharmaindustrie spielt der LAL-Test eine bedeutende Rolle, da Kontaminationen mit Endotoxinen parenteral verabreichter Arzneimittel ausgeschlossen werden müssen. Endotoxine werden auch als Pyrogene bezeichnet, da die Bestandteile der Zellwand Gram-negativer Bakterien im Menschen Fieber und andere unerwünschte immunologische Reaktionen verursachen können.

Viren

Zu den humanpathogenen Viren, die durch Lebensmittel übertragen werden können, gehören Hepatitis A- und E-Viren, Polio-, Noro-, Rota-, Adeno- und Astroviren. Besondere Bedeutung haben die Noro- und Hepatitis-Viren.

Hepatitis A- und E-Viren
können durch mit Fäkalien verunreinigtes Trinkwasser oder kontaminierte Lebensmittel (Austern, Muscheln, Blattsalate, Sandwiches, Früchte usw.) übertragen werden. Mangelhafte Hygiene fördert die Verbreitung der Viren. Insbesondere die mangelhafte Händehygiene von Mitarbeitern in der Lebensmittelindustrie, Restaurants und Bäckereien war schon häufig für zahlreiche Ausbrüche verantwortlich.
Der Nachweis von Hepatitis A- und E-Viren ist keine Routinemethode in der Lebensmitteluntersuchung.

Hepatitis-Viren

Von den Hepatitisviren sind die Hepatitis A-Viren lebensmittelrelevant, Hepatitis E-Viren spielen in Deutschland keine Rolle, ein Lebensmittel-Bezug kann aber bestehen.

Hepatitis A-Viren können durch direkten Kontakt von Mensch zu Mensch und durch sekundär kontaminierte Lebensmittel (z.B. fäkal kontaminiert) übertragen werden. In Deutschland ist dies durch die sehr guten hygienischen Verhältnisse sehr selten.

Hepatitis E-Viren kommen weit verbreitet bei Schweinen vor, ohne dass diese klinische Symptome zeigen. Eine Übertragung durch Schweinefleisch wäre daher denkbar. In Deutschland hat diese Erkrankung jedoch praktisch keine Bedeutung. Es besteht weiterhin Forschungsbedarf zur Relevanz von HEV und zur Rolle von tierischen Lebensmitteln als Vektoren.

Viren

Vorkommen	der Mensch ist das Hauptreservoir, sekundär können fäkale Verunreinigungen im Wasser (auch Meerwasser) und in der Umwelt vorkommen	Minimal infektiöse Dosis	nicht bekannt
		Inkubationszeit	15 - 50 Tage
Betroffene Lebensmittel	sekundär kontaminierte Lebensmittel, besonders häufig Muscheln oder Austern, sowie mit Fäkalien gedüngtes Gemüse und Salate, außerhalb Deutschlands auch Trink- und Brauchwasser	Krankheitsdauer	bis zu völliger Ausheilung mehrere Wochen
		Temperatur	Hitzeinaktivierung bei hoher Temperatur (>90°C) ist möglich
Gefährdete Personen	Erwachsene, in Deutschland besteht vielfach eine Immunität	pH-Wert	sehr säurestabil
Krankheits-symptome	Magen-Darm-Beschwerden, oftmals unspezifisch, Ikterus kann auftreten, bei Kindern oft symptomlos		

Besonderheiten

- Einziger Vertreter der Gattung Hepatovirus in der Familie der Picornaviren ist HAV und damit verwandt mit Echo-, Coxsackie- und Polioviren. HAV ist sehr klein und besitzt keine Hülle. Sein Genom besteht aus einer einzelsträngigen Ribonukleinsäure (RNA)
- HAV besitzt hohe Tenazität gegenüber Umwelteinflüssen, Desinfektionsmitteln und Temperaturveränderungen
- Erkrankte Personen sind 14 Tage vor und bis zu 7 Tage nach Auftreten der Gelbsucht ansteckend
- Bei Infektionsverdacht oder -bestätigung ist der Besuch von Gemeinschaftseinrichtungen nicht erlaubt

Tipps

- Eine Impfung gegen HAV wird v.a. bei Auslandsreisen in Regionen mit geringen Hygienestandards empfohlen
- Bei Erkrankten und im Haushalt ist eine gute Hände- und Küchenhygiene erforderlich

Weitere ausführliche Hinweise:
www.bfr.bund.de
www.efsa.europa.eu

Noroviren

Noroviren rufen vor allem in der kühlen Jahreszeit häufig Einzel- und insbesondere Gruppenerkrankungen hervor, die teilweise mit Lebensmitteln assoziiert sind. Ausbrüche mit teilweise mehreren hundert beteiligten Erkrankten fokussieren sich auf in sich geschlossene Gemeinschaftseinrichtungen wie Kreuzfahrtschiffe, Altersheime, Kindergärten oder Kasernen.

Viren

Vorkommen	als fäkale Verunreinigung in Wasser (auch Meerwasser), Mensch als Überträger	Minimal infektiöse Dosis	nicht bekannt, aber bereits geringe Virenzahlen können wahrscheinlich eine Erkrankung auslösen
Betroffene Lebensmittel	primär kontaminierte Lebensmittel sind Meeresfrüchte und insbesondere Muscheln, die Noroviren akkumulieren können; sekundär können alle Lebensmittel betroffen sein, die über Oberflächen, Personal oder primär kontaminierte Lebensmittel kontaminiert wurden, besonders Saucen, Aufschnittware und Salate tragen zur Verbreitung bei	Inkubationszeit	12 bis 48 Stunden
		Krankheitsdauer	12 bis 48 Stunden
		Temperatur	Infektionsfähigkeit wird in kühleren Temperaturen, d.h. <10-15°C erhalten, daher Anstieg der Erkrankungsraten in der kühlen Jahreszeit
Gefährdete Personen	alle Altersstufen; Kleinkinder und ältere Menschen sind besonders gefährdet	pH-Wert	sehr säurestabil
Krankheitssymptome	heftiges Erbrechen und starke Durchfälle, akute Gastroenteritis, grippeartige Symptome		

Besonderheiten

- Die im Tierreich verbreiteten Norovirus-Varianten sind offensichtlich nicht relevant für den Menschen
- In früheren Veröffentlichungen findet sich die Bezeichnung Norwalk-like Virus oder Small Round Structured Virus (SRSV). Noroviren gehören zur Familie der *Caliciviridae*. Sie sind nicht behüllte RNA-Viren
- Die Mensch-zu-Mensch-Übertragung spielt bei einem Ausbruchsgeschehen eine sehr wichtige Rolle

Tipps

- In Gemeinschaftseinrichtungen sollte auf Personalhygiene besonders geachtet werden
- Insbesondere Speisenausgabestellen können als Vektor für die weitere Ausbreitung dienen (z.B. Salate, Salatsaucen, Bedarfsgegenstände etc.)
- Nach einem Ausbruch ist die Isolierung der Erkrankten wichtig sowie eine gründliche Reinigung und Desinfektion einschließlich aller öffentlich zugänglichen Bereiche

Weitere ausführliche Hinweise:
www.bfr.bund.de
www.efsa.europa.eu

Allergene

Menschen mit Lebensmittelallergien haben es beim Einkauf nicht leicht. Ihr Körper reagiert auf bestimmte Nahrungsmittel überempfindlich.

EU-weit bestehen Kennzeichnungsregeln von Lebensmitteln, die definierte Allergene enthalten können (siehe: 2007/68/EG, VO EG 415/2009, 2000/13/EG).

Häufige Allergenquellen im Kindes- und Erwachsenenalter

Kinder	Jugendliche und Erwachsene
Kuhmilch	Pollenassoziierte Nahrungsmittelallergene (z.B. Apfel, Nüsse, Soja, Sellerie, Karotte, Paprika, Gewürze)
Hühnerei	
Erdnuss	Nüsse und Ölsaaten (z.B. Sesam)
Weizen	Erdnuss
Soja	Fisch und Krustentiere
Nüsse	Hühnerei
Fisch	Naturlatexassoziierte Nahrungsmittelallergene (z.B. Banane, Avocado, Kiwi)

Quelle: In-vitro-Diagnostik und molekulare Grundlagen von IgE-vermittelten Nahrungsmittelallergien. Leitlinie der Deutschen Gesellschaft für Allergologie und klinische Immunologie (DGAKI), des Ärzteverbandes Deutscher Allergologen (ÄDA), der Gesellschaft für Pädiatrische Allergologie und Umweltmedizin (GPA), der Österreichischen Gesellschaft für Allergologie und Immunologie (ÖGAI) und der Schweizerischen Gesellschaft für Allergologie und Immunologie (SGAI). Stand 10. Februar 2009

Zusammenfassende Bewertung allergener Lebensmittel

Quelle: EFSA, Gutachten des wissenschaftlichen Gremiums für diätetische Produkte, Ernährung und Allergien ..., 2004, Zusammenfassende Bewertung der in Anhang IIIa der Richtlinie 2003/89/EG aufgeführten allergenen Lebensmittel

Getreide im Hinblick auf die Zöliakie

Die Zöliakie ist eine durch Gluten verursachte immunologische Erkrankung. Der Kausalzusammenhang zwischen Gluten und seiner "Toxizität" bei Menschen, die eine genetische Veranlagung für die Entwicklung der Zöliakie haben, ist eindeutig festgestellt. Durch Säurehydrolyse kann das Gluten die Eigenschaft, eine Zöliakie auszulösen, verlieren. Doch die partielle Hydrolyse, der enzymatische Abbau und die Wärmebehandlung während der Lebensmittelverarbeitung zerstören nicht die zöliakieauslösenden Peptideinheiten. Es liegen nicht genügend Daten vor, um eine Schwellendosis von Gluten vorzuschlagen, die für alle Zöliakie-Patienten verträglich ist. Der aktuelle Grenzwert im Codex Alimentarius für glutenfreie Lebensmittel von 200 mg Gluten/kg Lebensmittel für Zöliakie-Patienten bedarf einer Überprüfung. Es stehen Tests zum Nachweis von Gluten in Lebensmitteln zur Verfügung.

▷ siehe Seite 46

Allergene

Getreide im Hinblick auf Lebensmittelallergie

Getreide können Lebensmittelallergien hervorrufen. Die Allergie gegen Getreide ist in der allgemeinen Bevölkerung nicht sehr verbreitet, da gemessen am weitverbreiteten Verbrauch nur wenige Fälle verzeichnet werden. Bei Kindern ist Weizen jedoch häufig Ursache für eine Lebensmittelallergie. Getreideallergene kreuzreagieren mit Pollenallergenen. Da Weizen überwiegend im gekochten oder hitzebehandelten Zustand konsumiert wird, liegt es auf der Hand, dass seine allergenen Eigenschaften normalerweise die Wärmebehandlung überstehen. Einige Weizenallergene können durch Erhitzen zerstört werden, während andere hitzebeständig sind. Die niedrigste berichtete Menge an Weizen, die eine allergische Reaktion auslösen kann, beträgt 500 mg. Es ist keine immunchemische Methode zur Analyse von Lebensmitteln auf andere Getreideallergene als Gluten dokumentiert.

Fisch und Krustentiere

Fisch und Krustentiere sind häufige Lebensmittelallergene. Alle wichtigen Fischallergene kreuzreagieren, und bei Allergikern hat sich keine einzige Fischart als unbedenklich erwiesen. Die Lebensmittelverarbeitung kann die Allergenität beeinflussen, ist jedoch keine zuverlässige Methode, um die allergenen Eigenschaften zu verringern. Die Fischdosen, die eine allergische Reaktion auslösen, liegen im Milligrammbereich und für Garnelen als Vertreter der Krustentiere im Grammbereich. Schwellendosen sind nicht festgelegt worden. Radioimmunoassays zum Nachweis von Fischallergenen sind beschrieben, jedoch für den Nachweis von Fischallergenen in Lebensmitteln noch nicht validiert worden. Für Krustentiere stehen immunchemische Nachweismethoden zur Verfügung, die jedoch nicht sensitiv genug sind, um die niedrigste Menge nachzuweisen, die sich als allergieauslösend erwiesen hat.

Eier

Eiproteine lösen häufig allergische Reaktionen aus. Es gibt mögliche klinische Kreuzreaktivitäten zwischen Hühnereiern und Eiern anderer Tierarten. Die Hitzedenaturierung und andere Verarbeitungsverfahren verringern die Allergenität nicht zuverlässig. Die in klinischen Studien als allergieauslösend berichteten Dosen liegen im Bereich von Mikrogramm bis wenige Milligramm oral verabreichten Eiproteins. Es stehen Tests zum Nachweis von Eiallergenen in Lebensmitteln zur Verfügung.

Erdnüsse

Erdnüsse gehören zur Familie der Hülsenfrüchte und sind häufig Ursache von lebensmittelbedingten allergischen Reaktionen. Erdnüsse kreuzreagieren mit anderen Hülsenfrüchten, wie z.B. Soja und Wolfsbohne. Sie sind die häufigste Ursache aller berichteten tödlichen Fälle von lebensmittelverursachter Anaphylaxie. Erdnüsse werden vielfach als Lebensmittelzutaten verwendet. Eine Hitzebehandlung kann ihre Allergenität sogar noch steigern. Reaktionen können durch Dosen im Mikrogrammbereich ausgelöst werden. Es ist nicht möglich, eine zuverlässige Schwellendosis zu bestimmen. Sensitive Nachweismethoden für Erdnussallergene sind im Handel erhältlich, jedoch nicht zum Nachweis von niedrigen Konzentrationen in verarbeiteten Lebensmitteln geeignet.

Allergene

Soja

Soja ist ein Lebensmittelallergen, und Sojaprotein ist in verarbeiteten Lebensmitteln weitverbreitet. Als Hülsenfrucht kann Soja mit anderen Hülsenfrüchten einschließlich Erdnüssen kreuzreagieren. Eine Kreuzreaktion mit Kuhmilchallergenen ist beschrieben worden. Wie bei vielen Lebensmittelallergenen beeinflussen Hitzedenaturierung und enzymatischer Verdau von Soja die Allergenität und können neue allergene Epitope zutage fördern. Die Konzentrationen, die bei sojaallergischen Menschen unerwünschte Reaktionen auslösen, sind unterschiedlich und liegen im niedrigen Mikrogrammbereich, obwohl noch keine zufriedenstellenden Studien zur Untersuchung dieser Fragen durchgeführt worden sind. Immunchemische und PCR-Nachweismethoden zur Analyse von Soja und Sojaallergenen sind beschrieben worden, scheinen aber für den Nachweis in Lebensmitteln ungeeignet zu sein.

Milch

Die meisten Kuhmilchproteine sind potenzielle Lebensmittelallergene. Zahlreiche Milchallergene sind identifiziert worden, und einige bleiben auch nach der Lebensmittelverarbeitung und der Verdauung noch wirksam. Die verfügbaren Daten zeigen, dass ein erheblicher Anteil der Allergiker auf sehr geringe Mengen (im Mikrogrammbereich) reagiert, doch sie reichen weder aus, um validierte Schwellendosen festzulegen, noch um einen Expositionsgrad abzuleiten, der allergische Verbraucher vor einer Reaktion auf Spuren von Milcherzeugnissen in Lebensmitteln schützen könnte. Diese Überlegungen gelten auch für Milch anderer Tierarten als Kühe, wie z.B. Büffel, Ziegen und Schafe. Immunchemische Nachweismethoden für die wichtigsten Milchallergene sind beschrieben worden, sind aber möglicherweise für verarbeitete Lebensmittel nicht geeignet. Die Laktoseunverträglichkeit ist keine Allergie oder immunvermittelte Krankheit und verursacht keine anaphylaktischen Reaktionen. Sie beruht darauf, dass infolge einer verminderten Laktaseaktivität im Dünndarm die Fähigkeit zur Verdauung von Laktose herabgesetzt ist. Dosen von weniger als 10 g (entsprechen 200 ml Milch) pro Tag sind für die meisten Erwachsenen mit reduzierter Laktaseaktivität oftmals verträglich. Restmengen von Kuhmilchproteinen, die als Verunreinigung durch den Produktionsprozess noch in Laktose enthalten sein können, können für Patienten mit Milchallergie schädlich sein. ▷ siehe Seite 46

Nüsse

Nüsse sind eine häufige Ursache von allergischen Reaktionen. Mehrfachüberempfindlichkeiten gegenüber Nüssen sind verbreitet und häufig mit Erdnussallergien verbunden, wobei jedoch keine kreuzreagierenden Allergene identifiziert worden sind. Menschen mit Überempfindlichkeit gegenüber Birkenpollen können auch auf Haselnussallergene reagieren. Das Rösten kann die Allergenität vermindern, jedoch nicht ganz beseitigen. Es liegen keine derartigen Daten für andere Nüsse vor. Bereits wenige Mikrogramm können bei sensibilisierten Menschen zu Reaktionen führen, doch Schwellendosen sind bisher nicht ermittelt worden. Es sind mehrere Testsysteme zum Nachweis von Nussallergenen in Lebensmitteln entwickelt worden.

Allergene

Sellerie

Sellerie findet sich häufig in vorverpackten Lebensmitteln, da er wegen seines Aromas häufig in der Lebensmittelindustrie verwendet wird. Allergische Reaktionen treten vor allem auf rohen Sellerie und weniger auf gekochten Sellerie auf, doch die Allergenität von Selleriepulver ist vergleichbar mit der von rohem Sellerie. Patienten mit Sellerieallergie können auf Allergendosen im Milligrammbereich reagieren, doch es liegen nicht genügend Daten vor, um Schwellenwerte zu bestimmen. Es steht gegenwärtig kein Nachweistest zur Verfügung.

Senf

Die Hauptallergene von Senf sind widerstandsfähig gegenüber Hitze und anderen Verarbeitungsverfahren. Die Allergendosen, die bei Patienten mit Senfallergie allergische Reaktionen auslösen, können im hohen Mikrogrammbereich liegen, obwohl bisher noch keine Schwellendosen festgelegt worden sind. Es ist keine spezifische Nachweismethode für Senfallergene beschrieben worden.

Sesamsamen

Sesamsamen werden vielfach und in zunehmendem Maße in vielen verarbeiteten Lebensmitteln verwendet. Bereits wenige Milligramm Sesamprotein können allergische Symptome hervorrufen. Es stehen Tests zum Nachweis von Sesamallergenen zur Verfügung.

Sulfite

Sulfite werden als Lebensmittelzusatzstoffe verwendet, und viele können bei sensibilisierten Menschen, in den meisten Fällen Asthmatikern, schwere Reaktionen auslösen. Die Pathogenese der unerwünschten Reaktionen auf Sulfite ist nicht eindeutig dokumentiert, doch es ist unwahrscheinlich, dass Reaktionen auf Sulfite allergisch oder immunvermittelt sind oder anaphylaktische Reaktionen hervorrufen. Die meisten sulfitempfindlichen Menschen reagieren auf mit der Nahrung aufgenommenes Metabisulfit in Mengen im Bereich von 20 bis 50 mg Sulfite im Lebensmittel. Die niedrigste Konzentration von Sulfiten, die bei sensibilisierten Menschen eine Reaktion auslösen kann, ist nicht ermittelt worden. In der EU müssen Lebensmittel, die Sulfite in Konzentrationen von 10 mg/kg oder mehr enthalten, entsprechend gekennzeichnet werden, doch der Schwellenwert für Überempfindlichkeitsreaktionen kann sogar noch niedriger sein.

▷ "Glutenfreiheit": VO EG 41/2009
- glutenfrei — < 20 mg/kg Lebensmittel
- sehr geringer Glutengehalt — 21 - 100 mg/kg Lebensmittel

▷ "Laktosefreiheit": Empfehlung der lebensmittelchemischen Gesellschaft
- laktosefrei — ≤ 10 mg/100g bzw. mL Lebensmittel
- streng laktosearm — ≤ 100 mg/100g bzw. mL Lebensmittel
- laktosearm — ≤ 1000 mg/100g bzw. mL Lebensmittel

Mykotoxine

25 % der Welt-Nahrungsproduktion enthält Mykotoxine!

Die Ernährungs- und Landwirtschaftsorganisation der Vereinten Nationen schätzt, dass ca. 25 % der Welt-Nahrungsproduktion mit Mykotoxinen belastet ist.

Kurzportrait relevanter Mykotoxine	**48**
Vorkommen, Wirkung und Nachweisverfahren	**50**
Höchstgehalte für Mykotoxine	**51**
Fusarientoxine	51
Ochratoxin A	52
Aflatoxine	53
Patulin	54

Kurzportrait relevanter Mykotoxine

Mykotoxine sind Stoffwechselprodukte von Pilzen. Der Verzehr von mit Mykotoxinen belasteten Lebensmitteln kann bereits in geringen Konzentrationen zu Gesundheitsschädigungen (Mykotoxikosen) führen. Die Wirkung der unterschiedlichen Mykotoxine kann akut oder chronisch toxisch sein. Nieren, Haut und Schleimhäute, das Nerven-, Immun- und Hormonsystem können von den toxischen Wirkungen betroffen sein.

Bereits während der Vegetationsperiode können sich Pilze auf den Getreidefeldern, abhängig von Temperatur- und Feuchtigkeitsbedingungen, ausbreiten. Diese Feldpilze gehören häufig den Gattungen *Fusarium*, *Stachybotris*, sowie *Claviceps purpurea* („Mutterkorn") an. Der Ergotismus (Mutterkornvergiftung) ist beispielsweise eine Krankheit, die nach dem Verzehr von Mutterkorn auftritt. Im Mittelalter starben hunderttausende Menschen daran. Von Feldpilzen (Fusarien) produzierte Mykotoxine werden in drei Hauptgruppen unterteilt: Trichothecene, Zearalenon und Fumonisine.

Trichothecene werden hauptsächlich von den Gattungen *Fusarium* und *Stachybotrys* gebildet und wirken durch die Hemmung der Eiweißbiosynthese stark zytotoxisch (zellschädigend). Eine Vergiftung durch kontaminierte Nahrung äußert sich beim Menschen durch Erbrechen, Durchfall (Gastroenteritis), allergische Hautreaktionen und Beeinträchtigung des Immunsystems. Das Trichothecen Deoxynivalenol wird DON abgekürzt oder auch Vomitoxin genannt. DON ist häufig in Getreide und Körnerfrüchten, insbesondere in Weizen, Gerste und Mais, nachzuweisen.

Zearalenon (ZON, auch: ZEA) entfaltet seine ausgeprägt östrogene Wirkung durch Bindung an verschiedene Östrogenrezeptoren. Beeinträchtigungen treten sowohl bei Menschen als auch bei Tieren auf, wobei das Schwein die empfindlichste Spezies darstellt.

Fumonisine kommen häufig auf Mais und dessen Produkten vor. Beim Pferd verursachen sie eine tödlich verlaufende Gehirnerkrankung, bei Schweinen führen sie zu Lungenödemen. Für den Menschen ist die Gefahrenabschätzung noch nicht abgeschlossen. Speiseröhrenkrebs bei Menschen wird in Gebieten mit hoher Fumonisin-Kontamination in Mais (z.B. südliches Afrika und China) in Verbindung gebracht. Weltweit sind derzeit etwa 59 % der Mais- oder Maisprodukt-Stichproben mit dem Fumonisin FB1 kontaminiert.

Lagerpilze können sich nach der Ernte aufgrund unsachgemäßer Lagerung vermehren. Die Gattungen *Aspergillus* und *Penicillium* gehören zu den Lagerpilzen, sind weltweit verbreitet und im Erdboden, Staub und auf Pflanzen zu finden. Sie produzieren unter geeigneten Bedingungen Gifte, so genannte **Aflatoxine**, die vorwiegend von den Pilzarten *Aspergillus flavus* und *A. parasiticus* gebildet werden. Diese Mykotoxine gelten als stärkste natürliche Karzinogene. In Europa gelten Aflatoxine als importierte Toxine. Sie werden erst bei Temperaturen von 25°C-40°C gebildet. Aflatoxine werden in die Gruppen B1, B2, G1, G2, M1 und M2 unterteilt. Die Hauptwirkung ihrer Toxizität liegt in der Schädigung der DNA.

Mykotoxine

Ochratoxin A wird hauptsächlich von den Lagerpilzgattungen *Aspergillus* (u.a. *Aspergillus ochraceus*, daher der Name) und *Penicillium* produziert. Erdnüsse, Getreide und Getreideprodukte, Kaffee, Bier (Gerste, Malz) sowie Wein und Traubensaft sind häufig mit Ochratoxin A belastet. Es wirkt vor allem nephrotoxisch, bis hin zu völligem Nierenversagen.

Patulin wird von *Aspergillus-, Penicillium-* und *Byssochlamys*-Arten produziert. *Penicillium expansum* verursacht Fäulnis bei Äpfeln, Früchten und Gemüse. In Apfelsaft, Apfelprodukten wie Apfelmus, Apfelwein (Cider) und Trockenobst, wird Patulin gefunden. Sollte bei der Herstellung vermehrt schimmelndes Fallobst herangezogen werden, kann dies zu Schleimhautreizungen, begleitet von Übelkeit und Erbrechen, führen.

Die meisten Mykotoxine sind äußerst chemo- und thermostabil. Sie werden durch Kochen oder Backen nicht zerstört. Für die Lebensmittelsicherheit ist somit die Vermeidung der Entstehung von Mykotoxinen auf Lebensmitteln besonders bedeutsam.

Die Kontrolle der Lebensmittel auf etwaige Mykotoxine erfolgt im Labor. Mykotoxine sind in Lebensmitteln häufig sehr unterschiedlich verteilt, die Probenahme ist somit von besonderer Bedeutung. Die Probenahme ist in der EU Probenahmerichtlinie EG 401/2006 geregelt. Für Mykotoxine bestehen EU-weite Richtlinien und Verordnungen über die Höchstmengen (siehe z. B. VO EG 1881/2006).

Mykotoxine

Vorkommen, Wirkung und Nachweisverfahren

Mykotoxin Hauptproduzent	Häufig belastete Lebensmittel	Mögliche Erkrankungen	Wirkung
Aflatoxin M_1 *Aspergillus flavus, A. parasiticus*	Erdnüsse, Pistazien, Getreide	Leberkrebs, Leberzirrhose	teratogen
Aflatoxine B+G *Aspergillus flavus, A. parasiticus* ▷ Aflatoxin B1 besitzt im Tierversuch das höchste toxische Potential	Erdnüsse, Pistazien, Getreide	Leberkrebs, Leberzirrhose	teratogen
DON (Vomitoxin) *Fusarium graminearum, F. culmorum*	Getreide	Erbrechen	immunsuppresiv
Fumonisine B_1 / B_2 *Fusarium moniliforme* ▷ Fumonisine verursachen tödliche Gehirnerkrankung bei Pferden, Lungenödeme bei Schweinen	Mais		Evtl. cancerogen
Ochratoxin A *Aspergillus ochraceus,* *Penicillium verrucosum* u.a.	Getreide, Kaffee, Bier, Wein, Traubensaft	Nephropathie, Enteritiden	genotoxisch, mutagen
Nivalenol (NIV) *Fusarium graminearum*, u.a.	Getreide, Getreideprodukte	Haut-, Schleimhautent- zündungen, Übelkeit	immunsuppresiv
Zearalenon (ZON) *Fusarium graminearum* u.a. ▷ Ist aufgrund seiner chemischen Struktur in der Lage an Östrogenrezeptoren in Uterus, Hypothalamus und Hypophyse zu binden.	Getreide, Getreideprodukte	Aborte, Sterilitäts- und Fertilitätsstörungen	östrogen
Patulin *Aspergillus clavatus,* *Penicillium expansum,* *Byssochlamys nivea* u.a. ▷ Geringes lebensmitteltoxikologisches Risiko	Obst, Apfelsaft	Übelkeit, Erbrechen, Durchfall	

Höchstgehalte für Mykotoxine

Auszug und Komprimierung der Verordnung (EG) Nr. 1881/2006 vom 19. Dezember 2006 geändert durch:
Verordnung (EG) Nr. 1126/2007 der Kommission vom 28. September 2007 Nr. L 255 Seite 14
Verordnung (EG) Nr. 565/2008 der Kommission vom 18. Juni 2008 Nr. L 160 Seite 20
Verordnung (EG) Nr. 629/2008 der Kommission vom 2. Juli 2008 Nr. L 173 Seite 6
Verordnung (EU) Nr. 105/2010 der Kommission vom 5. Februar 2010 Nr. L 35 Seite 7
Verordnung (EU) Nr. 165/2010 der Kommission vom 26. Februar 2010 Nr. L 50 Seite 8
sowie der Kontaminanten-Verordnung vom 19. März 2010 (BGBl. I S. 287) zur Begrenzung von Kontaminanten in Lebensmitteln

Fusarientoxine

	Produkt	Deoxynivalenol	Zearalenon	Fumonisine [2]
Mais	Unverarbeiteter Mais	1750	350	4000
	Maisgris, -schrot, -mehl, -grieß und ähnliche Produkte	750	200	
	raffiniertes Maisöl		200	
	Andere Lebensmittel aus Mais zum unmittelbaren Verzehr		400	1000
Hartweizen, Hafer	Unverarbeiteter Hartweizen und Hafer	1750	100	
anderes Getreide [1]	Andere unverarbeitete Getreide	1250	100	
	Anderes Getreidemehl	750	75	
Getreidebeikost	Getreidebeikost für Säuglinge und Kleinkinder [3]	200	20	200
Cerealien	Getreide-Snacks und Frühstückscerealien	500	100	
Backwaren	Brot, Feine Backwaren, Kekse	500	50	
Teigwaren	Teigwaren (trocken, Wassergehalt ca. 12 %)	750		

Angaben in µg/kg

Mykotoxine

Ochratoxin A

	Produkt	Höchstgehalt (µg/kg)
Getreide [1]	Unverarbeitetes Getreide	5,0
	Aus unverarbeitetem Getreide gewonnene Erzeugnisse	3,0
	Verarbeitete Getreideerzeugnisse	3,0
	Zum unmittelbaren menschlichen Verzehr bestimmtes Getreide	3,0
Säuglingsnahrung	Getreidebeikost und andere Beikost für Säuglinge und Kleinkinder [3]	0,5
	Diätetische Lebensmittel für besondere medizinische Zwecke, die eigens für Säuglinge bestimmt sind [4]	0,5
Trockenobst	Getrocknete Feigen [9]	8,0
	Getrocknete Weintrauben (Korinthen, Rosinen und Sultaninen)	10,0
	Sonstiges Trockenobst [9]	2,0
Traubensaftgetränke [7]	Saft, Nektar und Most [8]; rekonstituiertes Saftkonzentrat und Mostkonzentrat [8]	2,0
Wein [7]	Wein, Schaumwein, Fruchtwein (außer Likörwein und Wein mit mehr als 15 Vol.-%)	2,0
Weinhaltige Getränke [7]	Aromatisierter Wein, aromatisierte weinhaltige Getränke und Cocktails	2,0
Kaffee	Geröstete Kaffeebohnen (auch gemahlen)	5,0
	Löslicher Kaffee (Instant-Kaffee)	10,0

Mykotoxine

Aflatoxine

	Produkt	B1	B1+B2+G1+G2	M1
Mais	vor Sortierung oder einer physikalischen Behandlung	5,0	10,0	—
Getreide [1]	Getreide und Getreideerzeugnisse, verarbeitete Getreideerzeugnisse	2,0	4,0	—
Säuglingsnahrung	Getreidebeikost und andere Beikost für Säuglinge und Kleinkinder [3]	0,1	—	—
	Diätetische Lebensmittel für besondere medizinische Zwecke, die eigens für Säuglinge bestimmt sind [4]	0,1	—	0,025
	Säuglingsanfangsnahrung und Folgenahrung, einschließlich Säuglingsmilchnahrung und Folgemilch [5]	—	—	0,025
	Sonstige diätetische Lebensmittel für Säuglinge oder Kleinkinder [5]	—	0,05	0,010
Milch	Rohmilch, wärmebehandelte Milch und Werkmilch	—	—	0,050
Erdnüsse [6]	vor Sortierung oder einer physikalischen Behandlung	8,0	15,0	—
	verzehrfertig oder als Lebensmittelzutat	2,0	4,0	—
Schalenfrüchte [6]	vor Sortierung oder einer physikalischen Behandlung	5,0	10,0	—
	verzehrfertig oder als Lebensmittelzutat	2,0	4,0	—
Trockenfrüchte	vor Sortierung oder einer physikalischen Behandlung	5,0	10,0	—
	verzehrfertig oder als Lebensmittelzutat	2,0	4,0	—
Gewürze	*Capsicum* spp. (getrocknete Früchte, ganz oder gemahlen, einschließlich Chili, Chilipulver, Cayennepfeffer und Paprika); *Piper* spp. (Früchte, einschließlich weißer und schwarzer Pfeffer); *Myristica fragrans* (Muskat); *Zingiber officinale* (Ingwer); *Curcuma longa* (Gelbwurz)	5,0	10,0	—
Enzyme [9]	Enzyme und Enzymzubereitungen zur Herstellung von Lebensmitteln	—	0,05	—
Alle anderen Lebensmittel [9]		2,0	4,0	—

Angaben in µg/kg

Mykotoxine

Patulin

	Produkt	Höchstgehalt (µg/kg)
Säfte	Fruchtsäfte, rekonstituierte Fruchtsaftkonzentrate und Fruchtnektar	50,0
Äpfel, Apfelprodukte	Apfelwein und andere aus Äpfeln gewonnene oder Apfelsaft enthaltende fermentierte Getränke	50,0
	Feste, für den direkten Verzehr bestimmte Apfelerzeugnisse, einschließlich Kompott und Püree	25,0
	Apfelsaft sowie feste Apfelerzeugnisse, einschließlich Apfelkompott und Apfelpüree, für Säuglinge und Kleinkinder, die mit diesem Verwendungszweck gekennzeichnet und verkauft werden [5]	10,0
	Andere Beikost als Getreidebeikost für Säuglinge und Kleinkinder [5]	10,0
Spirituosen	Spirituosen (Mindestalkoholgehalt 15 Vol.-%)	50,0

(1) Reis wird hier nicht zu den ‚Getreiden' und Reiserzeugnisse nicht zu den ‚Getreideerzeugnissen' gezählt
(2) Der Höchstgehalt gilt für die Summe aus Fumonisin B1 (FB1) und Fumonisin B2 (FB2)
(3) Der Höchstgehalt bezieht sich auf die Trockenmasse.
(4) Der Höchstgehalt bezieht sich im Falle von Milch und Milcherzeugnissen auf verzehrfertige Erzeugnisse, ansonsten auf die Trockenmasse.
(5) Der Höchstgehalt bezieht sich auf das verzehrfertige Erzeugnis (als solches vermarktet oder in der vom Hersteller angegebenen Zubereitung)
(6) Die Höchstgehalte beziehen sich auf den essbaren Teil der Erdnüsse und Schalenfrüchte. Wenn Erdnüsse und Schalenfrüchte „in der Schale" analysiert werden, wird bei der Berechnung des Aflatoxingehalts angenommen, dass die gesamte Kontamination den essbaren Teil betrifft
(7) Der Höchstgehalt gilt für Erzeugnisse aus der Weinlese ab 2005
(8) zum unmittelbaren menschlichen Verzehr bestimmt
(9) Der Höchstgehalt bezieht sich auf den zum Verzehr bestimmten Teil der Erzeugnisse.

Lebensmittel A-Z
Richt- und Warnwerte

Soweit nicht anders ausgewiesen, erfolgen die Angaben in den Tabellen als KBE/g bzw. mL des aufgeführten Lebensmittels.

P = pathogen

Quellenverzeichnis, Literatur, Weblinks	56
Fleisch	58
Fisch und Meer	72
Milchprodukte	78
Getreideprodukte, Backwaren	102
Convenience	110
Süßes	126
Getränke	130
Trinkwasser, Mineralwasser	137

Quellenverzeichnis

A **ALTS (Arbeitskreis Lebensmittelhygienischer Tierärztlicher Sachverständiger)**
1991: Mikrobiologische Richtwerte; Ergebnisprotokoll, Tagung vom 11.06.1991 -13.06.1991, Berlin

B **Mikrobiologische Untersuchung von Lebensmitteln**
Jürgen Baumgart, Barbara Becker, BEHR'S Verlag, Hamburg, Grundwerk 1994, 50. Aktualisierung-Lieferung 2010

C **Schweizerische Hygieneverordnung**
(Stand 25. Mai 2009) des eidgenössischen Departments des Innern gestützt auf Artikel 48 Absatz 1 Buchstaben a-d der Lebensmittel- und Gebrauchsgegenständeverordnung vom 23. November 2005 (LGV)

D **Veröffentlichte mikrobiologische Richt- und Warnwerte zur Beurteilung von Lebensmitteln**
(Stand: Juni 2010) Eine Empfehlung der Fachgruppe Lebensmittelmikrobiologie und -hygiene der Deutschen Gesellschaft für Hygiene und Mikrobiologie (DGHM)

E **VO (EG) 2073/2005; VO (EG) 1441/2007; VO (EG) 365/2010**

F **Empfehlung der Sachverständigen der AG Lebensmittelmikrobiologie der LUA Sachsen**
in der Fassung vom 01. Januar 2005

G **Verordnung zur Durchführung von Vorschriften des gemeinschaftlichen Lebensmittelhygienerechts**
vom 8. August 2007, BGBL 2007 Teil I Nr. 39, S. 1861, Anlage 9 (zu §17 Abs. 2 Satz 1 Nr. 1 und 2, §18 Abs. 1 und 2 und § 21 Abs. 3 und 4) Anforderungen an Vorzugsmilch

H **Diätverordnung**
2005

J **Farbatlas und Handbuch der Getränkebiologie Teil 2**
Werner Back, Fachverlag Hans Carl, Nürnberg, 2000

Literatur

Microorganisms in Foods 6, microbial ecology of food commodities   2. ed., 2005

Food Microbiology, fundamentals and frontiers   microbial ecology of food commodities, 3. ed, 2007

Weblinks

www.rki.de

www.efsa.europa.eu/de

www.bfr.bund.de

Fleisch

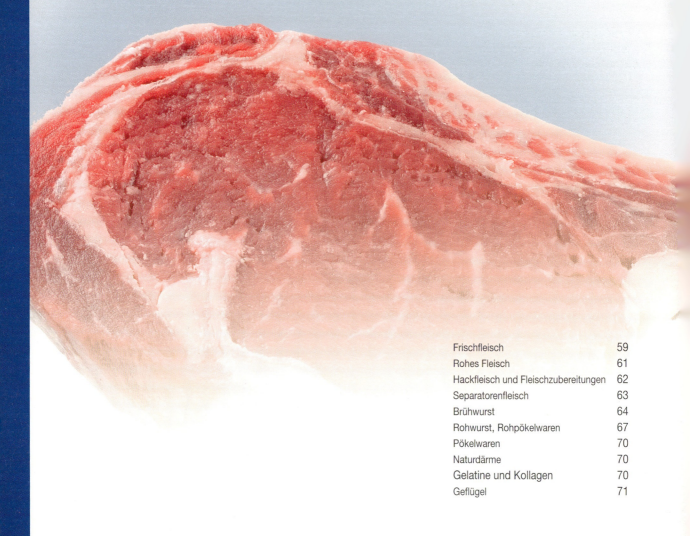

Frischfleisch	59
Rohes Fleisch	61
Hackfleisch und Fleischzubereitungen	62
Separatorenfleisch	63
Brühwurst	64
Rohwurst, Rohpökelwaren	67
Pökelwaren	70
Naturdärme	70
Gelatine und Kollagen	70
Geflügel	71

Frischfleisch

Mikrobiologische Gefährdung

Fleisch - Lagerung: Luft, Vakuum verpackt, in modifizierter Atmosphäre verpackt

Salmonella spp.
Campylobacter coli,
Campylobacter jejuni
VTEC

Salmonella spp.
Campylobacter coli,
Campylobacter jejuni
Yersinia enterocolitica

Verderb: unter ungünstigen Umständen durch Kälte tolerante Clostridien

Fleisch - Lagerung: Tiefgefroren

Salmonella spp.
Campylobacter coli,
Campylobacter jejuni
Clostridium perfringens
Staphylococcus aureus
VTEC

Salmonella spp.
Campylobacter coli,
Campylobacter jejuni
Clostridium perfringens
Staphylococcus aureus
Yersinia enterocolitica

Verderb: abhängig von der Lagerung, Ranzigkeit, Gefrierbrand

* Rind, Lamm und andere Wiederkäuer

Fleisch ist ein idealer Nährboden für eine Vielzahl von Mikroorganismen. Sie können während der Verarbeitung, auf unterschiedlichsten Herstellungsstufen, auf das Fleisch gelangen. Pathogene Bakterien, die auf das Fleisch gelangen, können eine Gefahr darstellen. Salmonellen, *Campylobacter* spp., enterohämorrhagische *E. coli*, *Yersinia enterocolitica*, *Listeria monocytogenes*, *Clostridium perfringens*, *Clostridium botulinum*, *Staphylococcus aureus* und *Bacillus cereus* sind hier zu nennen. Mikroorganismen wie beispielsweise *Pseudomonas* spp., *Shewanella* spp., *Enterobacteriaceae*, Milchsäurebakterien, psychrotrophe Clostridien, Hefen und Schimmelpilze können zum Verderb von Fleisch führen.

Für die Beurteilung von Frischfleisch im verkaufsfertigen Zustand existieren EU-weit keine festgelegten Richt- und Grenzwerte. Frischfleisch wird normalerweise nicht roh verzehrt, sondern vor dem Verzehr durcherhitzt. Deshalb ist bei Einhaltung der Prozess- und Hygienekriterien während der Verarbeitung das Lebensmittelsicherheitsrisiko als gering einzustufen. Die sensorische Beurteilung gilt hier als das Kriterium der Wahl. Eine Orientierung für die eigene Festlegung von Richtwerten können die Prozesshygienekriterien für Schlachttierkörper gemäß VO (EG) 2073/2005 geben. Hier sind für die aerobe mesophile Keimzahl maximal $1,0 \times 10^5$ KBE / cm² und für *Enterobacteriaceae* $1,0 \times 10^3$ KBE / cm² zulässig.

***Campylobacter* – ein Problem** Thermophile *Campylobacter*-Species sind zu einem hohen Prozentsatz in rohem Geflügelfleisch nachweisbar. Es wird deshalb empfohlen, bei Produkten, die rohes Geflügelfleisch enthalten oder roh verzehrt werden, die *Campylobacter*-Problematik zu beachten.

***E. coli* – ein Indikator für die Hygiene** Die in den Richt- und Warnwerten angeführten Werte für *Escherichia coli* gelten als Hygieneindikatoren. Beim Nachweis von *E. coli* sollte der Kontaminationsquelle nachgegangen werden. Sollte das Ziel der Untersuchungen der Ausschluss von pathogenen *E. coli* sein, sind die Richt- und Warnwerte nicht anzuwenden. Die Isolate müssen in diesem Fall hinsichtlich des Auftretens bestimmter Pathogenitätseigenschaften untersucht werden. Enterohämorrhagische *E. coli* (STEC) werden durch die Routinemethodik zum Nachweis von *E. coli* nicht mit erfasst, sondern erfordern gegebenenfalls einen gesonderten Untersuchungsgang.

Angaben in KBE/g bzw. mL

Lebensmittelmikrobiologie – Richt- und Warnwerte

... Frischfleisch

Teilstücke vom Rind und Schwein
[nach Meermeier „Die Fleischerei" 2/1991]

	Richtwert	Warnwert
ⓟ *Salmonella* spp.		n.n. / 25 g
Keimzahl, aerob mesophil	$5{,}0 \times 10^5$	
Enterobacteriaceae	$1{,}0 \times 10^3$	
Escherichia coli	$1{,}0 \times 10^1$	
Hefen	$5{,}0 \times 10^3$	
Schimmelpilze	$5{,}0 \times 10^3$	
Staphylokokken, Koagulase positiv	$1{,}0 \times 10^2$	

Schweinefleisch, mariniert
[nach Stolle in Anlehnung an Anlage 2a Nr. 9.4 der FlHV (2001) und an die Schweizer Hygieneverordnung (2002)]

	Richtwert	Warnwert
ⓟ *Salmonella* spp.		n.n. / 25 g
Keimzahl, aerob mesophil	$1{,}0 \times 10^7$	
Bacillus cereus, präsumtiv	$1{,}0 \times 10^4$	
Clostridium perfringens	$1{,}0 \times 10^4$	
Enterobacteriaceae	$1{,}0 \times 10^3$	
Milchsäurebakterien	$1{,}0 \times 10^6$	
Staphylokokken, Koagulase positiv	$1{,}0 \times 10^2$	

Wildfleisch, tiefgefroren, vakuumverpackt
[S. Wascheck, M. Fredriksson-Ahomaa, A. Stolle; Institut für Hygiene und Technologie der Lebensmittel tierischen Ursprungs Tierärztliche Fakultät, Ludwig Maximillans Universität]

	Richtwert
Keimzahl, aerob mesophil	$1{,}0 \times 10^6$
Milchsäurebakterien	$1{,}0 \times 10^6$
Enterobacteriaceae	$1{,}0 \times 10^4$
Pseudomonas spp.	$1{,}0 \times 10^6$
Escherichia coli	$5{,}0 \times 10^2$
Clostridium perfringens	$1{,}0 \times 10^4$
Staphylokokken, Koagulase positiv	$1{,}0 \times 10^3$

Angaben in KBE/g bzw. mL

Rohes Fleisch

Rindfleisch

nicht gewürzt, lose oder in Fertigpackungen

Quelle [D]	Richtwert	Warnwert
ⓟ *Salmonella* spp.		n.n. / 25 g
ⓟ *Listeria monocytogenes*		$1{,}0 \times 10^2$
Pseudomonas spp.	$1{,}0 \times 10^6$	
Enterobacteriaceae	$1{,}0 \times 10^4$	$1{,}0 \times 10^5$
Escherichia coli	$1{,}0 \times 10^2$	$1{,}0 \times 10^3$
Staphylokokken, Koagulase positiv	$5{,}0 \times 10^2$	$5{,}0 \times 10^3$

Schweinefleisch

nicht gewürzt, lose oder in Fertigpackungen

Quelle [D]	Richtwert	Warnwert
ⓟ *Salmonella* spp.		n.n. / 25 g
ⓟ *Listeria monocytogenes*		$1{,}0 \times 10^2$
Keimzahl, aerob mesophil	$5{,}0 \times 10^6$	
Pseudomonas spp.	$1{,}0 \times 10^6$	
Enterobacteriaceae	$1{,}0 \times 10^4$	$1{,}0 \times 10^5$
Escherichia coli	$1{,}0 \times 10^2$	$1{,}0 \times 10^3$
Staphylokokken, Koagulase positiv	$5{,}0 \times 10^2$	$5{,}0 \times 10^3$

Geflügelfleisch

nicht gewürzt, lose oder in Fertigpackungen

Quelle [D]	Richtwert	Warnwert
ⓟ *Salmonella* spp.		n.n. / 25 g
ⓟ *Listeria monocytogenes*		$1{,}0 \times 10^2$
Keimzahl, aerob mesophil	$5{,}0 \times 10^6$	
Pseudomonas spp.	$1{,}0 \times 10^6$	
Enterobacteriaceae	$1{,}0 \times 10^4$	$1{,}0 \times 10^5$
Escherichia coli	$5{,}0 \times 10^2$	$5{,}0 \times 10^3$
Staphylokokken, Koagulase positiv	$5{,}0 \times 10^2$	$5{,}0 \times 10^3$

Angaben in KBE/g bzw. mL

Lebensmittelmikrobiologie – Richt- und Warnwerte

Hackfleisch* und Fleischzubereitungen
und Faschiertes

Mikrobiologische Gefährdung

Salmonella spp.
Clostridium botulinum
Campylobacter coli,
Campylobacter jejuni
VTEC

Salmonella spp.
Campylobacter coli,
Campylobacter jejuni
Yersinia enterocolitica

Verderb: sehr schnell bei > 4°C

* Rind, Lamm und andere Wiederkäuer

Gehacktes ist extrem anfällig für Keime und verdirbt sehr schnell. Es ist sehr anspruchsvoll, die strengen hygienischen Vorschriften einzuhalten, wobei natürlich auch die Qualität und Frische des Ausgangsmaterials eine Rolle spielt. Das so genannte „EU-Hackfleisch" mit längerer Haltbarkeit, das in Betrieben mit spezieller EU-Zulassung unter Schutzatmosphäre verpackt wird, erzielt die besten Qualitätsergebnisse. Die Herstellung erfolgt maschinell, das Risiko von Verunreinigungen durch Menschenhand ist sehr gering.

ungewürzt
WC: 06

Quelle [D]	Richtwert	Warnwert
P *Salmonella* spp.		n.n. / 25 g
P *Listeria monocytogenes*		$1{,}0 \times 10^2$
Keimzahl, aerob mesophil	$5{,}0 \times 10^6$	
Enterobacteriaceae	$1{,}0 \times 10^4$	$1{,}0 \times 10^5$
Escherichia coli	$1{,}0 \times 10^2$	$1{,}0 \times 10^3$
Pseudomonas spp.	$1{,}0 \times 10^6$	
Staphylokokken, Koagulase positiv	$5{,}0 \times 10^2$	$5{,}0 \times 10^3$

gewürzt
WC: 06

Quelle [D]	Richtwert	Warnwert
P *Salmonella* spp.		n.n. / 25 g
P *Listeria monocytogenes*		$1{,}0 \times 10^2$
Keimzahl, aerob mesophil	$5{,}0 \times 10^6$	
Enterobacteriaceae	$1{,}0 \times 10^4$	$1{,}0 \times 10^5$
Escherichia coli	$1{,}0 \times 10^3$	$1{,}0 \times 10^4$
Pseudomonas spp.	$1{,}0 \times 10^6$	
Staphylokokken, Koagulase positiv	$5{,}0 \times 10^2$	$5{,}0 \times 10^3$

Angaben in KBE/g bzw. mL

Lebensmittelmikrobiologie – Richt- und Warnwerte

zum Rohverzehr bestimmt

Quelle [E]

Lebensmittelsicherheitskriterium

	n	c	m	M
🅟 *Salmonella* spp.	5	0	n.n. / 25 g	

zum Verzehr in durcherhitztem Zustand

Quelle [E]

Lebensmittelsicherheitskriterium

	n	c	m	M
🅟 *Salmonella* spp.	5	0	n.n. / 10 g	

Hackfleisch und Faschiertes

Quelle [E]

Prozesshygienekriterium [1]

	n	c	m	M
Keimzahl, aerob mesophil	5	2	$5{,}0 \times 10^5$	$5{,}0 \times 10^6$
Escherichia coli [2]	5	2	$5{,}0 \times 10^1$	$5{,}0 \times 10^2$

[1] Kriterium gilt nicht für auf Einzelhandelsebene erzeugtes Faschiertes, sofern die Haltbarkeitsdauer des Erzeugnisses weniger als 24 Stunden beträgt
[2] *E. coli* wird hier als Indikator für fäkale Kontamination verwendet

Fleischzubereitungen

Quelle [E]

Prozesshygienekriterium [1]

	n	c	m	M
Escherichia coli [1]	5	2	$5{,}0 \times 10^2$	$5{,}0 \times 10^3$

Angaben in KBE/g bzw. cm²

[1] *E. coli* wird hier als Indikator für fäkale Kontamination verwendet

Separatorenfleisch

Separatorenfleisch

Kriterium gilt für Separatorenfleisch, das mit Hilfe der in Anhang III Abschnitt V Kapitel III Nummer 3 der Verordnung (EG) Nr. 853/2004 mit spezifischen Hygienevorschriften für Lebensmittel tierischen Ursprungs genannten Verfahren hergestellt wurde.

Quelle [E]

Lebensmittelsicherheitskriterium

	n	c	m	M
🅟 *Salmonella* spp.	5	0	n.n. / 10 g	

Prozesshygienekriterium

	n	c	m	M
Keimzahl, aerob mesophil	5	2	$5{,}0 \times 10^5$	$5{,}0 \times 10^6$
Escherichia coli [1]	5	2	$5{,}0 \times 10^1$	$5{,}0 \times 10^2$

[1] *E. coli* wird hier als Indikator für fäkale Kontamination verwendet

Angaben in KBE/g bzw. mL

Lebensmittelmikrobiologie – Richt- und Warnwerte

Brühwurst

Mikrobiologische Gefährdung

Brühwurst – frisch
Salmonella spp.
Listeria monocytogenes
Staphylococcus aureus
VTEC

Brühwurst – verpackt, Konserven, Glas
Salmonella spp.
Clostridium botulinum
Staphylococcus aureus
VTEC

Verderb: durch Laktobazillen und andere Milchsäurebakterien, Sporenbildner und Rekontamination

Kochwurst, Kochpökelwaren, Sülzen, Aspikwaren (Stückware) auf Handelsebene

Quelle [D]	Richtwert	Warnwert
Ⓟ *Salmonella* spp.		n.n. / 25 g
Ⓟ *Listeria monocytogenes*		$1{,}0 \times 10^2$
Keimzahl, aerob mesophil	$5{,}0 \times 10^4$	
Clostridien, Sulfit reduzierend, Sporen [1]	$1{,}0 \times 10^2$	$1{,}0 \times 10^3$
Enterobacteriaceae	$1{,}0 \times 10^2$	$1{,}0 \times 10^3$
Escherichia coli	$1{,}0 \times 10^1$	$1{,}0 \times 10^2$
Milchsäurebakterien	$5{,}0 \times 10^4$	
Staphylokokken, Koagulase positiv	$1{,}0 \times 10^1$	$1{,}0 \times 10^2$

[1] bei nachpasteurisierter Ware sowie Kochwürsten sollte auf sulfitreduzierende Clostridien untersucht werden

Kochwurst, Kochpökelwaren, Sülzen, Aspikwaren (Aufschnittware) auf Handelsebene

Quelle [D]	Richtwert	Warnwert
Ⓟ *Salmonella* spp.		n.n. / 25 g
Ⓟ *Listeria monocytogenes*		$1{,}0 \times 10^2$
Keimzahl, aerob mesophil	$5{,}0 \times 10^6$	
Clostridien, Sulfit reduzierend, Sporen [1]	$1{,}0 \times 10^2$	$1{,}0 \times 10^3$
Enterobacteriaceae	$1{,}0 \times 10^3$	$1{,}0 \times 10^4$
Escherichia coli	$1{,}0 \times 10^1$	$1{,}0 \times 10^2$
Hefen	$1{,}0 \times 10^4$	
Milchsäurebakterien	$5{,}0 \times 10^6$	
Staphylokokken, Koagulase positiv	$1{,}0 \times 10^1$	$1{,}0 \times 10^2$

[1] bei nachpasteurisierter Ware sowie Kochwürsten sollte auf sulfitreduzierende Clostridien untersucht werden

Lebensmittelmikrobiologie – Richt- und Warnwerte

Kochpökelware, vakuumverpackt (Stückware)

Am Ende der gekennzeichneten Mindesthaltbarkeit.
Die Angaben beziehen sich auf einen Mittelwert aus den KBE für Oberfläche und Tiefe.

Quelle [A]	Richtwert
Enterobacteriaceae	$1{,}0 \times 10^2$
Hefen	$1{,}0 \times 10^3$
Milchsäurebakterien	$1{,}0 \times 10^5$

Kochpökelware, vakuumverpackt (Aufschnittware)

Am Ende der gekennzeichneten Mindesthaltbarkeit.

Quelle [A]	Richtwert
Enterobacteriaceae	$1{,}0 \times 10^3$
Hefen	$1{,}0 \times 10^3$
Milchsäurebakterien	$1{,}0 \times 10^7$

Kochwürste, Kochstreichwürste und Blutwürste, vakuumverpackt (Stückware)

Am Ende der gekennzeichneten Mindesthaltbarkeit.
Die Angaben beziehen sich auf einen Mittelwert aus den KBE für Oberfläche und Tiefe.

Quelle [A]	Richtwert
Keimzahl, aerob mesophil	$1{,}0 \times 10^4$
Enterobacteriaceae	$< 1{,}0 \times 10^2$
Hefen	$1{,}0 \times 10^3$
Milchsäurebakterien	$1{,}0 \times 10^4$

Kochwürste, Kochstreichwürste und Blutwürste, vakuumverpackt (Aufschnittware)

Am Ende der gekennzeichneten Mindesthaltbarkeit.

Quelle [A]	Richtwert
Keimzahl, aerob mesophil	$1{,}0 \times 10^6$
Enterobacteriaceae	$1{,}0 \times 10^2$
Hefen	$1{,}0 \times 10^4$
Milchsäurebakterien	$1{,}0 \times 10^5$

Angaben in KBE/g bzw. mL

... Brühwurst

Sülzen und Aspikwaren, vakuumverpackt (Stückware)

Am Ende der gekennzeichneten Mindesthaltbarkeit.
Die Angaben beziehen sich auf einen Mittelwert aus den KBE für Oberfläche und Tiefe.

Quelle [A]	Richtwert
Keimzahl, aerob mesophil	$1{,}0 \times 10^4$
Enterobacteriaceae	$< 1{,}0 \times 10^2$
Hefen	$1{,}0 \times 10^2$
Milchsäurebakterien	$1{,}0 \times 10^4$

Sülzen und Aspikwaren, vakuumverpackt (Aufschnittware)

Am Ende der gekennzeichneten Mindesthaltbarkeit.

Quelle [A]	Richtwert
Keimzahl, aerob mesophil	$1{,}0 \times 10^7$
Enterobacteriaceae	$< 1{,}0 \times 10^2$
Hefen	$1{,}0 \times 10^3$
Milchsäurebakterien	$1{,}0 \times 10^7$

Würstchen, vakuumverpackt

Am Ende der gekennzeichneten Mindesthaltbarkeit.
Die Angaben beziehen sich auf einen Mittelwert aus den KBE für Oberfläche und Tiefe.

Quelle [A]	Richtwert
Keimzahl, aerob mesophil	$1{,}0 \times 10^5$
Enterobacteriaceae	$< 1{,}0 \times 10^2$
Hefen	$1{,}0 \times 10^3$
Milchsäurebakterien	$1{,}0 \times 10^5$

Würstchen in Halbkonserven (Lake, Kochschinken in Dosen)

Quelle [A]	Richtwert
Aerobe Sporenbildner	$1{,}0 \times 10^3$
Clostridien, Sulfit reduzierend	$1{,}0 \times 10^2$
Mikrokokken	$1{,}0 \times 10^2$
Milchsäurebakterien	$1{,}0 \times 10^2$

Lebensmittelmikrobiologie – Richt- und Warnwerte

... Brühwurst

Würstchen in Vollkonserven

Quelle [A]
Nach einer Bebrütung von 15 Tagen bei +30 °C vermehrungsfähige Keime nicht nachweisbar

Rohwurst, Rohpökelwaren

Mikrobiologische Gefährdung

Salmonella spp.
Listeria monocytogenes
Clostridium botulinum
VTEC

Verderb: selten, Lagerungsfehler, zu hohe Luftfeuchtigkeit und Temperatur

Rohwürste auf Handelsebene, ausgereift und schnittfest

Quelle [D]	Richtwert	Warnwert
ⓟ *Salmonella* spp.		n.n. / 25 g
ⓟ *Listeria monocytogenes*		$1{,}0 \times 10^2$
Enterobacteriaceae	$1{,}0 \times 10^2$	$1{,}0 \times 10^3$
Escherichia coli	$1{,}0 \times 10^1$	$1{,}0 \times 10^2$
Staphylokokken, Koagulase positiv	$1{,}0 \times 10^3$	$1{,}0 \times 10^4$

Rohwürste auf Handelsebene, streichfähig

Quelle [D]	Richtwert	Warnwert
ⓟ *Salmonella* spp.		n.n. / 25 g
ⓟ *Listeria monocytogenes*		$1{,}0 \times 10^2$
Enterobacteriaceae	$1{,}0 \times 10^3$	$1{,}0 \times 10^4$
Escherichia coli	$1{,}0 \times 10^1$	$1{,}0 \times 10^2$
Staphylokokken, Koagulase positiv	$1{,}0 \times 10^3$	$1{,}0 \times 10^4$

Angaben in KBE/g bzw. mL

Lebensmittelmikrobiologie – Richt- und Warnwerte

... Rohwurst, Rohpökelwaren

schnittfest   WC: 08-01-00 bis 08-02-00

Quelle [F]	Richtwert	Warnwert
P *Salmonella* spp.		n.n. / 25 g
P *Listeria monocytogenes*		$1,0 \times 10^2$
Clostridien, Sulfit reduzierend	$1,0 \times 10^2$	
Enterobacteriaceae	$1,0 \times 10^2$	
Hefen (nicht für luftgetrocknete Ware)	$1,0 \times 10^4$	
Staphylokokken, Koagulase positiv	$1,0 \times 10^3$	

streichfähig   WC: 08-03-00 bis 08-04-00

Quelle [F]	Richtwert	Warnwert
P *Salmonella* spp.		n.n. / 25 g
P *Listeria monocytogenes*		$1,0 \times 10^2$
Clostridien, Sulfit reduzierend	$1,0 \times 10^2$	
Enterobacteriaceae	$1,0 \times 10^3$	
Staphylokokken, Koagulase positiv	$1,0 \times 10^3$	

lose und vakuumverpackt   WC*

Gilt für Erzeugnisse, die zum Verzehr ohne weitere Erhitzung bestimmt sind.

Quelle [F]	Richtwert	Warnwert
P *Salmonella* spp.		n.n. / 25 g
P *Listeria monocytogenes*		$1,0 \times 10^2$
Keimzahl, aerobe mesophil	$1,0 \times 10^6$	
Clostridien, Sulfit reduzierend	$1,0 \times 10^2$	
Enterobacteriaceae	$1,0 \times 10^3$	
Hefen	$1,0 \times 10^3$	
Staphylokokken, Koagulase positiv	$1,0 \times 10^3$	

* Warencodes: Rind   WC: 07-01-00 bis 07-02-00   Schwein WC: 07-08-00 bis 07-09-00
                Geflügel WC: 07-20-00 bis 07-21-00   Wild   WC: 07-27-00 bis 07-28-00   andere Tiere WC: 07-38-00

schnittfest, vakuumverpackt (Stückware)

Am Ende der gekennzeichneten Mindesthaltbarkeit. Die Angaben beziehen sich auf einen Mittelwert aus den KBE für Oberfläche und Tiefe.

Quelle [A]	Richtwert
Keimzahl, aerobe mesophil	$1,0 \times 10^8$
Hefen	$1,0 \times 10^3$
Milchsäurebakterien	$1,0 \times 10^8$

Angaben in KBE/g bzw. mL

... Rohwurst, Rohpökelwaren

schnittfest, vakuumverpackt (Aufschnittware)

Am Ende der gekennzeichneten Mindesthaltbarkeit.

Quelle [A]	Richtwert
Keimzahl, aerobe mesophil	$1{,}0 \times 10^8$
Enterobacteriaceae	$1{,}0 \times 10^3$
Hefen	$1{,}0 \times 10^5$
Milchsäurebakterien	$1{,}0 \times 10^8$

streichfähig, vakuumverpackt

Am Ende der gekennzeichneten Mindesthaltbarkeit. Die Angaben beziehen sich auf einen Mittelwert aus den KBE für Oberfläche und Tiefe.

Quelle [A]	Richtwert
Keimzahl, aerobe mesophil	$1{,}0 \times 10^8$
Enterobacteriaceae	$1{,}0 \times 10^3$
Hefen	$1{,}0 \times 10^6$
Milchsäurebakterien	$1{,}0 \times 10^8$

vakuumverpackt (Stückware)

Am Ende der gekennzeichneten Mindesthaltbarkeit. Die Angaben beziehen sich auf einen Mittelwert aus den KBE für Oberfläche und Tiefe.

Quelle [A]	Richtwert
Keimzahl, aerobe mesophil	$1{,}0 \times 10^6$
Enterobacteriaceae	$1{,}0 \times 10^3$
Hefen	$1{,}0 \times 10^6$
Milchsäurebakterien	$1{,}0 \times 10^6$

vakuumverpackt (Aufschnittware)

Am Ende der gekennzeichneten Mindesthaltbarkeit.

Quelle [A]	Richtwert
Keimzahl, aerobe mesophil	$1{,}0 \times 10^7$
Enterobacteriaceae	$1{,}0 \times 10^3$
Hefen	$1{,}0 \times 10^6$
Milchsäurebakterien	$1{,}0 \times 10^7$

Angaben in KBE/g bzw. mL

Lebensmittelmikrobiologie – Richt- und Warnwerte

Pökelwaren

gegart, vakuumverpackt WC*

Gilt für Erzeugnisse, die zum Verzehr ohne weitere Erhitzung bestimmt sind.

Quelle [F]	Richtwert	Warnwert
Ⓟ *Salmonella* spp.		n.n. / 25 g
Ⓟ *Listeria monocytogenes*		$1{,}0 \times 10^2$
Keimzahl, aerobe mesophil	$1{,}0 \times 10^6$	
Clostridien, Sulfit reduzierend	$1{,}0 \times 10^2$	
Enterobacteriaceae	$1{,}0 \times 10^3$	
Hefen	$1{,}0 \times 10^3$	
Milchsäurebakterien	$1{,}0 \times 10^6$	
Staphylokokken, Koagulase positiv	$1{,}0 \times 10^3$	

* Warencodes: **Rind** WC: 07-03-00 bis 07-04-00   **Schwein** WC: 07-10-00 bis 07-11-00   **andere Tiere** WC: 07-37-00
Geflügel WC: 07-22-00 bis 07-23-00   **Wild** WC: 07-29-00 bis 07-30-00

Gelatine und Kollagen

Gelatine und Kollagen

Quelle [E]			n	c	m	M
Lebensmittelsicherheitskriterium						
Ⓟ *Salmonella* spp.			5	0	n.n. / 25 g	

Naturdärme

Naturdärme WC: 06-33-01 bis 05

*Die Untersuchungsprobe ist eine Mischprobe aus möglichst drei verschiedenen Gebinden.
Probenvorbereitung: Anhaftendes Salz ohne Wasserzugabe entfernen; füllfertige Därme untersuchen.*

Quelle [D]	Richtwert	Warnwert
Ⓟ *Salmonella* spp.		n.n. / 25 g
Keimzahl, aerobe mesophil	$1{,}0 \times 10^5$	
Clostridien, Sulfit reduzierend	$1{,}0 \times 10^2$	$1{,}0 \times 10^3$
Enterobacteriaceae	$1{,}0 \times 10^2$	$1{,}0 \times 10^4$
Staphylokokken, Koagulase positiv	$1{,}0 \times 10^2$	$1{,}0 \times 10^3$

Lebensmittelmikrobiologie – Richt- und Warnwerte

Geflügel

Mikrobiologische Gefährdung

Geflügel, frisch

Salmonella spp.
Thermophile *Campylobacter* spp.

Verderb: abhängig von Kühltemperatur, pyschrotrophe Bakterien, pH-Wert, Verpackungsart

Geflügel, gefroren

Salmonella spp.

Verderb: bei Einhaltung der Tiefkühltemperaturen kein Verderb

Im Unterschied zum roten Muskelfleisch, in dem das Fett weitgehend gleich verteilt ist, ist das Fett vom Geflügel unter der Haut oder im Abdomenraum zu finden. Fett kann verhältnismäßig leicht vom Geflügelfleisch entfernt werden, gegenüber Schweine- und Rindfleisch ist dies ein Vorteil bei der Herstellung von so genannten Fett reduzierten Fleischprodukten.

Geflügelfleisch und Geflügelhaut sind ausgezeichnete Substrate für eine Vielzahl von Mikroorganismen. *Campylobacter jejuni* und *Salmonella* spp. sind häufig in Geflügelbeständen nachzuweisen, ohne dass die Tiere Krankheitssymptome zeigen. Beide Keime stellen die bedeutendsten Ursachen für lebensmittelbedingte Erkrankungen dar. Jährlich werden ca. 100.000 Erkrankungsfälle durch diesen Erreger beim Menschen dem Robert-Koch-Institut gemeldet. Bei nahezu 50 % des gekühlten Geflügels kann *Campylobacter* spp. nachgewiesen werden. Unzureichend erhitztes Geflügelfleisch ist eine der häufigsten Quellen für durch *Campylobacter* verursachte Lebensmittelinfektionen. Durch mangelnde Küchenhygiene bei der Verarbeitung von Geflügel können auch andere Lebensmittel kontaminiert werden.

Monitoringuntersuchungen von *Salmonella* spp. und *Campylobacter* spp. sind auf mehreren Produktionsstufen empfehlenswert.

Geflügelfleischzubereitungen zum Verzehr in durcherhitztem Zustand

Hackfleisch/Faschiertes, Fleischzubereitungen und Fleischerzeugnisse aus Geflügelfleisch

Quelle [E]	n	c	m	M
Lebensmittelsicherheitskriterium				
🅿 *Salmonella* spp.	5	0	n.n. / 25 g	

Angaben in KBE/g bzw. mL

Fisch

Fisch und Meer

Frischer Fisch	73
Seefische	74
Fischereierzeugnisse	74
Lachs	75
Krustentiere	76
Muscheln	77

Frischer Fisch

Mikrobiologische Gefährdung

Clostridium botulinum
Vibrio parahaemolyticus
Vibrio cholerae
Listeria monocytogenes

Staphylococcus aureus
Salmonella spp.
Shigella spp.
E. coli

Verderb:
hauptsächlich durch *Shewanella* spp.
und *Pseudomonas* spp.

Das essbare Muskelfleisch von Fischen und Krebstieren ist ähnlich wie Geflügelfleisch reich an Proteinen und Wasser. Im Unterschied zu dem Fleisch von warmblütigen Tieren akkumulieren Fische im Muskel kein Glykogen, deswegen ist der Kohlenhydratanteil im Fischfleisch sehr gering. Im weitesten Sinne können magere und fette Fische unterschieden werden. Magere Fische wie beispielsweise Kabeljau können Fett nur in der Leber speichern, fette Fische wie Makrelen können Fett im Muskelgewebe speichern.

Fischfleisch ist ein ideales Substrat für Bakterien, ohne Kühlung kann der Verderb sehr schnell eintreten. Die typische mikrobielle Flora besteht aus den Gattungen *Psychrobacter, Moraxella, Pseudomonas, Acinetobacter, Shewanella, Flavobacterium, Vibrio, Aeromonas, Corynebacterium* und *Micrococcus*.

Folgende zum Teil pathogene Spezies sind im Fisch von Bedeutung: *Clostridium botulinum*, *Vibrio parahaemolyticus*, *Vibrio cholerae*, *Listeria monocytogenes*, *Staphylococcus aureus*, *Salmonella*, *Shigella* und *E. coli*. Beispielsweise gehören *Clostridium botulinum* und *Vibrio* Spezies zur normalen marinen Flora und sind daher auch in Meeresfischen zu finden.

Beim Nachweis von pathogenen Spezies wie z.B. *Vibiro cholerae* und *V. parahaemolyticus* sind weitere Untersuchungen zum Toxinbildungsvermögen notwendig. Fischverderb wird hauptsächlich durch *Pseudomonas* spp. und *Shewanella* spp. verursacht.

Eis und Wasser, das während der Verwertung von Fischen verwendet wird, sollte Trinkwasserqualität haben, denn selbst mikrobiell gering belastetes Eis und Wasser können Ursache des späteren Verderbs sein.

frisch, gefrostet

WC: 10-00-00 bis 10-99-00

Quelle [F]	Richtwert	Warnwert
ⓟ *Salmonella* spp.		n.n. / 25 g
Keimzahl, aerob mesophil	$1,0 \times 10^6$	
Clostridien, Sulfit reduzierend	$1,0 \times 10^2$	
Enterobacteriaceae	$1,0 \times 10^3$	
Hefen	$1,0 \times 10^4$	
Staphylokokken, Koagulase positiv	$1,0 \times 10^3$	

Angaben in KBE/g bzw. mL

Lebensmittelmikrobiologie – Richt- und Warnwerte

Seefische

Mikrobiologische Gefährdung

Clostridium botulinum Typ E
Vibrio spp. (bei Rohverzehr)
Salmonella spp.
Photobacterium spp.
(nur bei frischem und gefrorenem Fisch)

Verderb: sensorisch wahrnehmbar

Seefisch aus wärmeren Regionen sollte auf Vibrionen untersucht werden.

Beim Nachweis von pathogenen Spezies, wie z.B. *Vibrio parahaemolyticus* und *V. cholerae* sind weitere Untersuchungen zum Toxinbildungsvermögen notwendig.

frisch, gefroren

Eingeschlossen sind ganze frische und gefrorene Seefische sowie daraus hergestellte handelsübliche Filetware; ausgenommen ist stärker zerkleinerte Ware (z.B. für die Verwendung als Sushi oder dünn geschnittene Filetscheiben-Slicerware).

Quelle [D]	Richtwert	Warnwert
Ⓟ *Salmonella* spp.		n.n. / 25 g
Ⓟ *Listeria monocytogenes*		$1{,}0 \times 10^2$
Keimzahl, aerob mesophil (30°C)	$5{,}0 \times 10^5$	
Enterobacteriaceae (bei 30°C anaerob)	$1{,}0 \times 10^4$	$1{,}0 \times 10^5$
Escherichia coli [1]	$1{,}0 \times 10^1$	$1{,}0 \times 10^2$
Pseudomonaden (bei 25°C)	$1{,}0 \times 10^6$	

[1] beim Nachweis von *E. coli* ist der Kontaminationsquelle nachzugehen

Fischereierzeugnisse

Fischereierzeugnisse

Die Produktgruppe umfasst Erzeugnisse, die einem enzymatischen Reifungsprozess in Salzlösung unterzogen und aus Fischarten hergestellt werden, bei denen ein hoher Gehalt an Histidin auftritt, vor allem Fischarten der Familien: Scombridae (Makrelen und Thunfische), Clupeidae (Heringsartige), Engraulidae (Sardellen), Coryfenidae (Goldmakrele), Pontomidae und Scombraesosidae (Makrelenhechte).

Quelle [E]	n	c	m	M
Histamin [1]	9	2	200 mg/kg	400 mg/kg

[1] siehe auch Seite 161

Lebensmittelmikrobiologie – Richt- und Warnwerte

Lachs

geräuchert

Die angegebenen Werte sind bis zum Mindesthaltbarkeitsdatum einzuhalten.

Quelle [D]	Richtwert	Warnwert
ⓟ *Salmonella* spp.		n.n. / 25 g
ⓟ *Listeria monocytogenes*		$1,0 \times 10^2$
Keimzahl, aerob mesophil	$1,0 \times 10^6$	
Enterobacteriaceae	$1,0 \times 10^4$	$1,0 \times 10^5$
Escherichia coli [1]	$1,0 \times 10^1$	$1,0 \times 10^2$
Staphylokokken, Koagulase positiv	$1,0 \times 10^2$	$1,0 \times 10^3$

[1] beim Nachweis von *E. coli* ist der Kontaminationsquelle nachzugehen

graved

Die angegebenen Werte sind bis zum Mindesthaltbarkeitsdatum einzuhalten.

Quelle [D]	Richtwert	Warnwert
ⓟ *Salmonella* spp.		n.n. / 25 g
ⓟ *Listeria monocytogenes*		$1,0 \times 10^2$
Keimzahl, aerob mesophil [1]	$1,0 \times 10^6$	
Enterobacteriaceae	$1,0 \times 10^4$	$1,0 \times 10^5$
Escherichia coli	$1,0 \times 10^3$	
Staphylokokken, Koagulase positiv	$1,0 \times 10^2$	$1,0 \times 10^3$

[1] mit Ausnahme der Milchsäurebakterien

Fischerzeugnisse, speziell Lachs, geräuchert, vakuumverpackt

WC: 11-01-20 bis 11-12-71

Quelle [F]	Richtwert	Warnwert
ⓟ *Salmonella* spp.		n.n. / 25 g
ⓟ *Listeria monocytogenes*		$1,0 \times 10^2$
Keimzahl, aerob mesophil	$1,0 \times 10^6$	
Clostridien, Sulfit reduzierend	$1,0 \times 10^2$	
Enterobacteriaceae	$1,0 \times 10^4$	$1,0 \times 10^5$
Hefen	$1,0 \times 10^3$	
Staphylokokken, Koagulase positiv	$1,0 \times 10^3$	

Angaben in KBE/g bzw. mL

Lebensmittelmikrobiologie – Richt- und Warnwerte

Krustentiere

Mikrobiologische Gefährdung

Crustaceae, frisch
Vibrio spp.
Salmonella spp.

Verderb: sensorisch wahrnehmbar

Crustaceae, gekocht
Staphylococcus aureus (Rekontamination)
Enterobacteriaceae (Rekontamination)

Verderb: gegebenenfalls durch Rekontaminationskeime

Kochen tötet vegetative pathogene Keime sicher ab!
Regelmäßige Untersuchungen auf *Staphylococcus* aureus und *Salmonella* spp. sind empfehlenswert.

gekocht und gefrostet
WC: 12-02-00

Quelle [F]

	Richtwert	Warnwert
🅿 *Salmonella* spp.		n.n. / 25 g
🅿 *Listeria monocytogenes*		$1,0 \times 10^2$
Keimzahl, aerob mesophil	$1,0 \times 10^5$	
Enterobacteriaceae	$1,0 \times 10^3$	$1,0 \times 10^4$
Escherichia coli	$1,0 \times 10^1$	$1,0 \times 10^2$
Staphylokokken, Koagulase positiv	$1,0 \times 10^2$	$1,0 \times 10^3$

gekochte Krebs- und Weichtiere

Quelle [E]

	n	c	m	M
Lebensmittelsicherheitskriterium				
🅿 *Salmonella* spp.	5	0	n.n. / 25 g	
Prozesshygienekriterium [1]				
Escherichia coli	5	2	1	$1,0 \times 10^1$
Staphylokokken, Koagulase positiv	5	2	$1,0 \times 10^2$	$1,0 \times 10^3$

[1] gilt für Erzeugnisse von gekochten Krebs- und Weichtieren ohne Panzer bzw. Schale

Angaben in KBE/g bzw. mL

Lebensmittelmikrobiologie – Richt- und Warnwerte

Muscheln

Mikrobiologische Gefährdung

Norovirus
Hepatitis-A-Virus
Vibrio spp.
Salmonella spp.

Verderb: bei lebend Lagerung kein Verderb!

Rohes Muschelfleisch gilt gemeinhin als das Lebensmittel, das die häufigsten durch Meeresfrüchte bedingte Lebensmittelerkrankungen hervorruft!

Marine Biotoxine in lebenden Muscheln

[VO (EG) 853/2004]

	Warnwert
Amnesic Shellfish Poison (ASP) (Domoinsäuren)	20 mg/kg
Azaspiracide (als Azaspiracid-Äquivalent)	160 µg/kg
Okadasäure, Dinophysistotoxine, Pectenotoxine (als Okadasäure-Äquivalent)	160 µg/kg
Paralytic Shellfish Poison (PSP)	800 µg/kg
Yessotoxine (als Yessotoxin-Äquivalent)	1 mg/kg

Lebende Muscheln, Stachelhäuter, Manteltiere und Schnecken

Quelle [E]	n	c	m	M
Lebensmittelsicherheitskriterium				
🅿 *Salmonella* spp.	5	0	n.n. / 25 g	
Escherichia coli [1]	1*	0	230 MPN / 100 g**	

1   *E. coli* wird hier als Indikator für fäkale Kontamination verwendet

*   Eine Sammelprobe aus mindestens zehn einzelnen Tieren
** Fleisch und Schalenflüssigkeit

Angaben in KBE/g bzw. mL

Milchprodukte

Milch

Rohmilch	79
Vorzugsmilch	80
Pasteurisierte Milch	80
Konsummilch, pasteurisiert	81
UHT-Milch	81
Sahne	82
Sahneerzeugnisse (auch im Siphon)	83

Käse

Käse aus Rohmilch	84
Käse aus thermisch behandelter Milch	85
Frischkäse	87
Weichkäse	87
Schnittkäse	88
Hart- und Halbhartkäse	88
Reibekäse	89
Käsezubereitungen	89
Schmelzkäsezubereitungen	90
Kochkäse	90

Sonstige Milchprodukte

Sauermilchkäse, Sauermilchquarkerzeugnisse	91
Sauermilch-, Joghurt-, Buttermilcherzeugnisse, Molken	91
Kefirerzeugnisse	92
Kondensmilcherzeugnisse	92
Milchmischerzeugnisse	93
Butter	94
Milchfetterzeugnisse	95
Milchprodukte aus Milch anderer Tiere	95
Milch- und Molkepulver	96
Trockenmilcherzeugnisse	96
Säuglingsnahrung	97
Säuglings- und Kleinkindernahrung	99
Diätetische Lebensmittel	99
Speiseeis	100
Speiseeispulver	101

Lebensmittelmikrobiologie – Richt- und Warnwerte

Rohmilch

Mikrobiologische Gefährdung

Salmonella spp.
Listeria monocytogenes
Campylobacter jejuni
Clostridium botulinum
Clostridium perfringens
EHEC
Mycobacterium bovis
Mycobacterium tuberculosis
Staphylococcus aureus
Shigella spp.
Streptococcus spp.

Rohmilch, die mit *Mycobacterium bovis* oder *M. tuberculosis* belastet war, hatte im 19. und 20. Jahrhundert vielfach Tuberkulose bei Kleinkindern verursacht. Durch den Konsum von Rohmilch kommt es aber auch heutzutage immer wieder zu Salmonellose, Campylobakteriose und Infektionen durch EHEC.

Rohmilch ab Hof — WC: 01-01-02

Quelle [F]	Richtwert	Warnwert
ⓟ *Salmonella* spp.		n.n. / 25 mL
ⓟ *Listeria monocytogenes*		$1{,}0 \times 10^2$
Keimzahl, aerob mesophil		$1{,}0 \times 10^5$
Enterobacteriaceae	$1{,}0 \times 10^4$	
Staphylokokken, Koagulase positiv	$1{,}0 \times 10^3$	

Rohmilch zur Herstellung von Rohmilcherzeugnissen — WC: 01-01-02

Quelle [F]	Richtwert	Warnwert	n	c	m	M
ⓟ *Salmonella* spp.			5	0	0	0
ⓟ *Listeria monocytogenes*		n.n. / 25 mL				
Keimzahl, aerob mesophil		$1{,}0 \times 10^5$				
Enterobacteriaceae	$1{,}0 \times 10^4$					
Staphylokokken, Koagulase positiv			5	2	$5{,}0 \times 10^2$	$2{,}0 \times 10^3$

Rohmilch, mikrobiologische Kriterien

Die Angaben beruhen auf dem geometrischen Mittelwert bei mindestens zwei Probenahmen je Monat. Ermittelt wird die Keimzahl bei 30 °C/mL.

Quelle [E]	Anforderung
Kuhmilch	$\leq 1{,}0 \times 10^5$
Andere Tiermilch mit Erhitzung	$\leq 1{,}5 \times 10^6$
Andere Tiermilch ohne Erhitzung	$\leq 5{,}0 \times 10^5$

Angaben in KBE/g bzw. mL

Lebensmittelmikrobiologie – Richt- und Warnwerte

Vorzugsmilch

Unbedingt beachten: Anforderungen an das Gewinnen und Behandeln sowie an Beschaffenheit von Vorzugsmilch, BgBl. 2007 Teil I Nr. 39 Anlage 9.

mikrobiologische Anforderungen

Pathogene Mikroorganismen (z. B. *L. monocytogenes* und Verotoxin-bildende *Escherichia coli*) oder deren Toxine dürfen nicht in Mengen vorhanden sein, die die Gesundheit des Verbrauchers beeinträchtigen können.

Quelle [G]	Warnwert	n	c	m	M
Ⓟ *Salmonella* spp. / 25 mL		5	0	0	0
Ⓟ *Listeria monocytogenes*	n.n. / 25 mL				
Keimzahl 30 °C / mL		5	2	$2{,}0 \times 10^4$	$5{,}0 \times 10^4$
Enterobacteriaceae 30 °C / mL		5	1	$1{,}0 \times 10^1$	$1{,}0 \times 10^2$
Staphylokokken, Koagulase positiv / mL		5	2	$1{,}0 \times 10^1$	$1{,}0 \times 10^2$
Streptococcus agalactiae / 0,1 mL		5	2	0	$1{,}0 \times 10^1$

Pasteurisierte Milch

Mikrobiologische Gefährdung

Bacillus cereus

Routinemäßige Untersuchungen auf pathogene Keime sind nicht nötig, im Rahmen von Stichprobenplänen aber empfehlenswert. Die Effektivität der Pasteurisierung kann mittels der Bestimmung der aeroben, mesophilen Keimzahl beurteilt werden. Gram negative Keime wie beispielsweise *Enterobacteriaceae* oder Pseudomonaden dürfen nach erfolgten Erhitzungsverfahren nicht nachweisbar sein und sind bedeutsame Parameter zur Beurteilung einer eventuellen Rekontamination der pasteurisierten Milch.

Pasteurisierte Milch und pasteurisierte flüssige Milcherzeugnisse

Dieses Kriterium gilt nicht für Erzeugnisse, die zur weiteren Verarbeitung in der Lebensmittelindustrie bestimmt sind.

Quelle [E]	n	c	m	M
Prozesshygienekriterium				
Enterobacteriaceae	5	0		$1{,}0 \times 10^1$

Angaben in KBE/g bzw. mL

Konsummilch, pasteurisiert

Verbraucherproben — WC: 01-02-01 bis 01-02-04

Quelle [F]	Richtwert	Warnwert
Ⓟ *Salmonella* spp.		n.n. / 25 mL
Ⓟ *Listeria monocytogenes*		$1{,}0 \times 10^2$
Keimzahl, aerob mesophil	$1{,}0 \times 10^5$	
Enterobacteriaceae	$1{,}0 \times 10^1$	
Staphylokokken, Koagulase positiv	$1{,}0 \times 10^2$	

Molkereiproben, Proben vom Groß- und Zwischenhandel — WC: 01-02-01 bis 01-02-04

Quelle [F]	Richtwert	Warnwert	n	c	m	M
Ⓟ *Salmonella* spp.			5	0	0	0
Ⓟ *Listeria monocytogenes*			5	0	0	0
Keimzahl, aerob mesophil [1,2]		$3{,}0 \times 10^4$	5	1	$5{,}0 \times 10^4$	$5{,}0 \times 10^5$
Enterobacteriaceae			5	1	0	5
Staphylokokken, Koagulase positiv	$1{,}0 \times 10^2$					

[1] Keimgehalt bei 30°C/mL
[2] nach Inkubation der Probe von 5 Tagen bei 6 °C

UHT-Milch

nach 15 d bei 30 °C — WC: 01-02-05 bis 01-02-08

Quelle [F]	Warnwert
Ⓟ *Salmonella* spp.	n.n. / 25 mL
Keimzahl, aerob mesophil	$1{,}0 \times 10^2$

Angaben in KBE/g bzw. mL

Lebensmittelmikrobiologie – Richt- und Warnwerte

Sahne

aus Rohmilch oder Milch

die einer Wärmebehandlung unterhalb der Pasteurisierungstemperatur unterzogen wurde

Quelle [E]	n	c	m	M
Lebensmittelsicherheitskriterium				
🅟 *Salmonella* spp. [1]	5	0	n.n. / 25 g	
Prozesshygienekriterium				
Escherichia coli [2]	5	2	$1{,}0 \times 10^1$	$1{,}0 \times 10^2$

1 ausgenommen Erzeugnisse, für die der Hersteller zur Zufriedenheit der zuständigen Behörde nachweisen kann, dass aufgrund der Reifungszeit und, wo angemessen, des a_w-Wertes des Erzeugnisses kein Salmonellenrisiko besteht

2 *E. coli* wird hier als Hygieneindikator verwendet

aufgeschlagen   WC: 02-10-33

*Die angegebenen Werte beziehen sich auf (frische) Sahne, die entweder manuell oder maschinell aufgeschlagen wurde, **nicht** auf flüssige Sahne (Roh- und Behältersahne nach DIN 10507). Zum Einsatz und zur Reinigung und Desinfektion von Sahneaufschlagmaschinen wird auf die DIN 10507 "Sahneaufschlagmaschinen, Mischpatronentyp" verwiesen. Auch die weiteren Hygieneanforderungen der DIN sollten Beachtung finden. Flüssige Sahne muss über Nacht aus dem Automaten genommen werden und separat gekühlt aufbewahrt werden.*

Quelle [D]	Richtwert	Warnwert
🅟 *Salmonella* spp.		n.n. / 25 g
🅟 *Listeria monocytogenes*		$1{,}0 \times 10^2$
Keimzahl, aerob mesophil	$1{,}0 \times 10^6$	
Enterobacteriaceae	$1{,}0 \times 10^3$	$1{,}0 \times 10^5$
Escherichia coli	$1{,}0 \times 10^1$	$1{,}0 \times 10^2$
Pseudomonaden	$1{,}0 \times 10^3$	
Staphylokokken, Koagulase positiv	$1{,}0 \times 10^2$	$1{,}0 \times 10^3$

Angaben in KBE/g bzw. mL

Lebensmittelmikrobiologie – Richt- und Warnwerte

Sahneerzeugnisse (auch im Siphon)

Verbraucherproben — WC: 02-05 / 02-10-91

Quelle [F]	Richtwert	Warnwert
P *Salmonella* spp.		n.n. / 25 g
P *Listeria monocytogenes*		$1{,}0 \times 10^2$
Keimzahl, aerob mesophil	$1{,}0 \times 10^5$	
Enterobacteriaceae	$1{,}0 \times 10^1$	
Hefen	$1{,}0 \times 10^3$	
Schimmelpilze	$1{,}0 \times 10^2$	
Staphylokokken, Koagulase positiv	$1{,}0 \times 10^2$	

Schlagrahm — WC: 02-05 / 02-10-91

Quelle [C]	Richtwert / Toleranzwert
Aerob, mesophile Keime	$1{,}0 \times 10^7$
Escherichia coli	$1{,}0 \times 10^1$
Koagulasepositive Staphylokokken	$1{,}0 \times 10^2$

Molkereiproben, Proben vom Groß- und Zwischenhandel — WC: 02-05 / 02-10-91

Quelle [F]	Richtwert	Warnwert	n	c	m	M
P *Salmonella* spp.			5	0	0	0
P *Listeria monocytogenes*		n.n. / 25 g				
Keimzahl, aerob mesophil [1,2]			5	2	$5{,}0 \times 10^4$	$1{,}0 \times 10^5$
Enterobacteriaceae			5	2	0	5
Hefen	$1{,}0 \times 10^3$					
Schimmelpilze	$1{,}0 \times 10^2$					
Staphylokokken, Koagulase positiv	$1{,}0 \times 10^2$					

[1] Bakterien (Keimzahl bei 21°C)
[2] nach fünftägiger Bebrütung bei +6°C

Angaben in KBE/g bzw. mL

Lebensmittelmikrobiologie – Richt- und Warnwerte

Käse aus Rohmilch

Mikrobiologische Gefährdung

Salmonella spp.
Listeria monocytogenes
Campylobacter jejuni
Clostridium perfringens
EHEC
Mycobacterium bovis
Mycobacterium tuberculosis
Shigella spp.
Staphylococcus aureus
Streptococcus spp.

Verderb:

Hefen, *Enterobacteriaceae*, unerwünschte Schimmelpilze, hitzeresistente Milchsäurebakterien
Frühblähung durch *Enterobacteriaceae*,
Spätblähung durch *Clostidium butyricum, C. tyrobutyricum*

Rohmilchkäse

WC: 03-00

Maßnahmen bei unbefriedigenden Ergebnissen: Verbesserungen in der Herstellungshygiene und bei der Auswahl der Rohstoffe. Staphylokokken: Sofern Werte > 10^5 KBE/g nachgewiesen werden, ist die Partie Käse auf Staphylokokken-Enterotoxine zu untersuchen

Quelle [E]	Warnwert	n	c	m	M
Lebensmittelsicherheitskriterien					
🅿 *Salmonella* spp. [1]		5	0	n.n. / 25 g	
🅿 *Listeria monocytogenes*	$1,0 \times 10^2$				
Staphylokokken-Enterotoxine [2]		5	0	n.n. / 25 g	
Prozesshygienekriterium					
Staphylokokken, Koagulase positiv [3]		5	2	$1,0 \times 10^4$	$1,0 \times 10^5$

1 ausgenommen Erzeugnisse, für die der Hersteller zur Zufriedenheit der zuständigen Behörde nachweisen kann, dass aufgrund der Reifungszeit und, wo angemessen, des a_w-Wertes des Erzeugnisses kein Salmonellenrisiko besteht
2 sofern Staphylokokken-Keimzahlen > 10^5 KBE/g nachgewiesen werden
3 die Untersuchung sollte erfolgen, wenn während der Herstellung der höchste Staphylokokkengehalt erwartet wird

Angaben in KBE/g bzw. mL

Lebensmittelmikrobiologie – Richt- und Warnwerte

Verbraucherproben WC: 03-00

Quelle [F]	Richtwert	Warnwert
Ⓟ *Salmonella* spp.		n.n. / 25 g
Ⓟ *Listeria monocytogenes*		$1{,}0 \times 10^2$
Enterobacteriaceae	$1{,}0 \times 10^5$	
Escherichia coli	$1{,}0 \times 10^4$	
Staphylokokken, Koagulase positiv	$1{,}0 \times 10^3$	

Molkereiproben, Proben vom Groß- und Zwischenhandel WC: 03-00

Quelle [F]	Richtwert	Warnwert	n	c	m	M
Ⓟ *Salmonella* spp.		n.n. / 25 g	5	0	0	0
Ⓟ *Listeria monocytogenes*		n.n. / 25 g	5	0	0	0
Enterobacteriaceae	$1{,}0 \times 10^5$					
Escherichia coli			5	2	$1{,}0 \times 10^4$	$1{,}0 \times 10^5$
Staphylokokken, Koagulase positiv			5	2	$1{,}0 \times 10^3$	$1{,}0 \times 10^4$

Käse aus thermisch behandelter Milch

Mikrobiologische Gefährdung

Verderb: Hefen, unerwünschte Schimmelpilze

Die Gefährdung ist als sehr gering einzuschätzen. Bei technisch einwandfreier Erhitzungsprozedur besteht keine Gefahr durch Gram-negative pathogene Keime. Im Rahmen des Stichprobenplans sind die Untersuchungen auf *Salmonella* spp., *Listeria monocytogenes* und EHEC empfehlenswert.

Angaben in KBE/g bzw. mL

Lebensmittelmikrobiologie – Richt- und Warnwerte

... Käse aus thermisch behandelter Milch

Käse aus wärmebehandelter Milch oder Molke WC: 03-00

Käse aus Milch, die einer Wärmebehandlung unterhalb der Pasteurisierungstemperatur unterzogen wurde

Quelle [E]	Warnwert	n	c	m	M
Lebensmittelsicherheitskriterium					
🅟 *Salmonella* spp. [1]		5	0	n.n. / 25 g	
Staphylokokken- Enterotoxine [2]		5	0	n.n. / 25 g	
Prozesshygienekriterium					
Staphylokokken, Koagulase positiv [3,4]		5	2	$1,0 \times 10^2$	$1,0 \times 10^3$
Escherichia coli [5,6]		5	2	$1,0 \times 10^2$	$1,0 \times 10^3$
Prozesshygienekriterium für nicht gereiften Weichkäse (Frischkäse)					
Staphylokokken, Koagulase positiv [3,4]		5	2	$1,0 \times 10^1$	$1,0 \times 10^2$

Käse aus pasteurisierter Milch oder Molke WC: 03-00

Käse aus Milch und gereifter Käse aus Milch oder Molke, die pasteurisiert oder einer Wärmebehandlung über der Pasteurisierungstemperatur unterzogen wurde.

Quelle [E]	Warnwert	n	c	m	M
Lebensmittelsicherheitskriterium					
Staphylokokken- Enterotoxine [2]		5	0	n.n. / 25 g	
Prozesshygienekriterium					
Staphylokokken, Koagulase positiv [3,4]		5	2	$1,0 \times 10^2$	$1,0 \times 10^3$
Escherichia coli [5,6]		5	2	$1,0 \times 10^2$	$1,0 \times 10^3$
Prozesshygienekriterium für nicht gereiften Weichkäse (Frischkäse)					
Staphylokokken, Koagulase positiv [3,4]		5	2	$1,0 \times 10^1$	$1,0 \times 10^2$

1. ausgenommen Erzeugnisse, für die der Hersteller zur Zufriedenheit der zuständigen Behörde nachweisen kann, dass aufgrund der Reifungszeit und, wo angemessen, des aw-Wertes des Erzeugnisses kein Salmonellenrisiko besteht
2. sofern Staphylokokken-Keimzahlen > 10^5 KBE/g nachgewiesen werden
3. die Untersuchung sollte erfolgen, wenn während der Herstellung der höchste Wert erwartet wird
4. ausgenommen Erzeugnisse, für die der Hersteller zur Zufriedenheit der zuständigen Behörde nachweisen kann, dass kein Risiko einer Belastung mit Staphylokokken-Enterotoxinen besteht
5. bei Käsen, die das Wachstum von *E. coli* nicht begünstigen, liegt der Gehalt gewöhnlich zu Beginn des Reifungsprozesses am höchsten; bei Käsen, die das Wachstum von *E. coli* begünstigen, trifft dies normalerweise am Ende des Reifungsprozesses zu.
6. *E. coli* wird hier als Hygieneindikator verwendet

Lebensmittelmikrobiologie – Richt- und Warnwerte

Frischkäse

Verbraucherproben — WC: 03-23 bis 03-31

Quelle [F]	Richtwert	Warnwert
(P) *Salmonella* spp.		n.n. / 25 g
(P) *Listeria monocytogenes*		$1,0 \times 10^2$
Enterobacteriaceae	$1,0 \times 10^3$	
Hefen	$1,0 \times 10^4$	
Schimmelpilze	$1,0 \times 10^3$	
Staphylokokken, Koagulase positiv	$1,0 \times 10^2$	

Molkereiproben, Proben vom Groß- und Zwischenhandel — WC: 03-23 bis 03-31

Quelle [F]	Richtwert	Warnwert	n	c	m	M
(P) *Salmonella* spp.		n.n. / 25 g	5	0	0	0
(P) *Listeria monocytogenes*			5	0	0	0
Enterobacteriaceae	$1,0 \times 10^3$					
Hefen	$1,0 \times 10^4$					
Schimmelpilze	$1,0 \times 10^3$					
Staphylokokken, Koagulase positiv			5	2	10	$1,0 \times 10^2$

Weichkäse

Verbraucherproben — WC: 03-16 bis 03-22

Quelle [F]	Richtwert	Warnwert
(P) *Salmonella* spp.		n.n. / 25 g
(P) *Listeria monocytogenes*		$1,0 \times 10^2$
Enterobacteriaceae	$1,0 \times 10^4$	
Escherichia coli	$1,0 \times 10^2$	
Staphylokokken, Koagulase positiv	$1,0 \times 10^2$	

Molkereiproben, Proben vom Groß- und Zwischenhandel — WC: 03-16 bis 03-22

Quelle [F]	Warnwert	n	c	m	M
(P) *Salmonella* spp.	n.n. / 25 g	5	0	0	0
(P) *Listeria monocytogenes*	n.n. / 25 g	5	0	0	0
Enterobacteriaceae		5	2	$1,0 \times 10^4$	$1,0 \times 10^5$
Escherichia coli		5	2	$1,0 \times 10^2$	$1,0 \times 10^3$
Staphylokokken, Koagulase positiv		5	2	$1,0 \times 10^2$	$1,0 \times 10^3$

Angaben in KBE/g bzw. mL

Lebensmittelmikrobiologie – Richt- und Warnwerte

Schnittkäse

Verbraucherproben — WC: 03-04 bis 03-15

Quelle [F]	Richtwert	Warnwert
(P) *Salmonella* spp.		n.n. / 25 g
(P) *Listeria monocytogenes*		$1,0 \times 10^2$
Escherichia coli	$1,0 \times 10^3$	
Staphylokokken, Koagulase positiv	$1,0 \times 10^3$	

Molkereiproben, Proben vom Groß- und Zwischenhandel — WC: 03-04 bis 03-15

Quelle [F]	Richtwert		n	c	m	M
(P) *Salmonella* spp.			5	0	0	0
(P) *Listeria monocytogenes*			5	0	0	0
Escherichia coli	$1,0 \times 10^3$					
Staphylokokken, Koagulase positiv	$1,0 \times 10^3$					

Hart- und Halbhartkäse

Verbraucherproben — WC: 03-01 bis 03-03

Quelle [F]	Richtwert	Warnwert
(P) *Salmonella* spp.		n.n. / 25 g
(P) *Listeria monocytogenes*		$1,0 \times 10^2$
Escherichia coli	$1,0 \times 10^1$	
Schimmelpilze	$1,0 \times 10^3$	
Staphylokokken, Koagulase positiv	$1,0 \times 10^2$	

Molkereiproben, Proben vom Groß- und Zwischenhandel — WC: 03-01 bis 03-03

Quelle [F]	Richtwert	Warnwert	n	c	m	M
(P) *Salmonella* spp.			5	0	0	n.n. / 25 g
(P) *Listeria monocytogenes*		n.n. / 25 g				
Escherichia coli	$1,0 \times 10^1$					
Schimmelpilze	$1,0 \times 10^3$					
Staphylokokken, Koagulase positiv	$1,0 \times 10^2$					

Angaben in KBE/g bzw. mL

Reibekäse

Verbraucherproben — WC: 03-58

Quelle [F]	Richtwert	Warnwert
P *Salmonella* spp.		n.n. / 25 g
P *Listeria monocytogenes*		$1{,}0 \times 10^2$
Escherichia coli	$1{,}0 \times 10^1$	
Schimmelpilze	$1{,}0 \times 10^3$	
Staphylokokken, Koagulase positiv	$1{,}0 \times 10^2$	

Molkereiproben, Proben vom Groß- und Zwischenhandel — WC: 03-58

Quelle [F]	Richtwert	Warnwert	n	c	m	M
P *Salmonella* spp.		n.n. / 25 g	5	0	0	0
P *Listeria monocytogenes*		n.n. / 25 g	5	0	0	0
Escherichia coli	$1{,}0 \times 10^1$					
Schimmelpilze	$1{,}0 \times 10^3$					
Staphylokokken, Koagulase positiv	$1{,}0 \times 10^2$					

Käsezubereitungen

Verbraucherproben — WC: 03-34 bis 03-41

Quelle [F]	Richtwert	Warnwert
P *Salmonella* spp.		n.n. / 25 g
P *Listeria monocytogenes*		$1{,}0 \times 10^2$
Enterobacteriaceae	$1{,}0 \times 10^3$	
Hefen	$1{,}0 \times 10^4$	
Schimmelpilze	$1{,}0 \times 10^3$	
Staphylokokken, Koagulase positiv	$1{,}0 \times 10^2$	

Molkereiproben, Proben vom Groß- und Zwischenhandel — WC: 03-34 bis 03-41

Quelle [F]	Richtwert	Warnwert	n	c	m	M
P *Salmonella* spp.		n.n. / 25 g	5	0	0	0
P *Listeria monocytogenes*		n.n. / 25 g	5	0	0	0
Enterobacteriaceae	$1{,}0 \times 10^3$					
Hefen	$1{,}0 \times 10^4$					
Schimmelpilze	$1{,}0 \times 10^3$					
Staphylokokken, Koagulase positiv	$1{,}0 \times 10^2$					

Angaben in KBE/g bzw. mL

Lebensmittelmikrobiologie – Richt- und Warnwerte

Schmelzkäsezubereitungen

Verbraucherproben WC: 03-42 bis 03-49

Quelle [F]	Richtwert	Warnwert
P *Salmonella* spp.		n.n. / 25 g
P *Listeria monocytogenes*		$1{,}0 \times 10^2$
Keimzahl, aerob mesophil	$1{,}0 \times 10^4$	
Enterobacteriaceae	$1{,}0 \times 10^1$	
Schimmelpilze	$1{,}0 \times 10^2$	
Staphylokokken, Koagulase positiv	$1{,}0 \times 10^2$	

Molkereiproben, Proben vom Groß- und Zwischenhandel WC: 03-42 bis 03-49

Quelle [F]	Richtwert	Warnwert	n	c	m	M
P *Salmonella* spp.		n.n. / 25 g	5	0	0	0
P *Listeria monocytogenes*		n.n. / 25 g	5	0	0	0
Keimzahl, aerob mesophil	$1{,}0 \times 10^4$					
Enterobacteriaceae	$1{,}0 \times 10^1$					
Schimmelpilze	$1{,}0 \times 10^2$					
Staphylokokken, Koagulase positiv	$1{,}0 \times 10^2$					

Kochkäse

Verbraucherproben WC: 03-51

Quelle [F]	Richtwert	Warnwert
P *Salmonella* spp.		n.n. / 25 g
P *Listeria monocytogenes*		$1{,}0 \times 10^2$
Keimzahl, aerob mesophil	$1{,}0 \times 10^4$	
Enterobacteriaceae	$1{,}0 \times 10^1$	
Schimmelpilze	$1{,}0 \times 10^2$	
Staphylokokken, Koagulase positiv	$1{,}0 \times 10^2$	

Molkereiproben, Proben vom Groß- und Zwischenhandel WC: 03-51

Quelle [F]	Richtwert	Warnwert	n	c	m	M
P *Salmonella* spp.		n.n. / 25 g	5	0	0	0
P *Listeria monocytogenes*		n.n. / 25 g	5	0	0	0
Keimzahl, aerob mesophil	$1{,}0 \times 10^4$					
Enterobacteriaceae	$1{,}0 \times 10^1$					
Schimmelpilze	$1{,}0 \times 10^2$					
Staphylokokken, Koagulase positiv	$1{,}0 \times 10^2$					

Angaben in KBE/g bzw. mL

Lebensmittelmikrobiologie – Richt- und Warnwerte

Sauermilchkäse, Sauermilchquarkerzeugnisse

Verbraucherproben WC: 03-32

Quelle [F]	Richtwert	Warnwert
P *Salmonella* spp.		n.n. / 25 g
P *Listeria monocytogenes*		$1,0 \times 10^2$
Enterobacteriaceae	$1,0 \times 10^3$	
Fremdschimmelpilze	$1,0 \times 10^3$	
Staphylokokken, Koagulase positiv	$1,0 \times 10^2$	

Molkereiproben, Proben vom Groß- und Zwischenhandel WC: 03-32

Quelle [F]	Richtwert		n	c	m	M
P *Salmonella* spp.		n.n. / 25 g	5	0	0	0
P *Listeria monocytogenes*		n.n. / 25 g	5	0	0	0
Enterobacteriaceae	$1,0 \times 10^3$					
Fremdschimmelpilze	$1,0 \times 10^3$					
Staphylokokken, Koagulase positiv	$1,0 \times 10^2$					

Sauermilch-, Joghurt-, Buttermilcherzeugnisse, Molken

Mikrobiologische Gefährdung

Bei Joghurt ist die Gefährdung als sehr gering einzuschätzen. Aufgrund des niedrigen pH-Wertes ist die Gefährdung durch pathogene Keime als sehr gering einzustufen. *Salmonella* spp. und *Listeria monocytogenes* können gegebenenfalls durch Zutaten oder Hygienemängel auftreten.

Verderb: Hefen (Rekontamination)

Verbraucherproben WC: 02-01; 02-02; 02-04; 02-08

Quelle [F]	Richtwert	Warnwert
P *Salmonella* spp.		n.n. / 25 g
P *Listeria monocytogenes*		$1,0 \times 10^2$
Enterobacteriaceae	$1,0 \times 10^1$	
Hefen	$1,0 \times 10^4$	
Schimmelpilze	$1,0 \times 10^3$	
Staphylokokken, Koagulase positiv	$1,0 \times 10^2$	

Angaben in KBE/g bzw. mL

... Sauermilch-, Joghurt-, Buttermilcherzeugnisse, Molken

Molkereiproben, Proben vom Groß- und Zwischenhandel				WC: 02-01; 02-02; 02-04; 02-08			
Quelle [F]		Richtwert	Warnwert	n	c	m	M
ⓟ *Salmonella* spp.			n.n. / 25 g	5	0	0	0
ⓟ *Listeria monocytogenes*			n.n. / 25 g				
Enterobacteriaceae				5	2	0	5
Hefen		$1{,}0 \times 10^4$					
Schimmelpilze		$1{,}0 \times 10^3$					
Staphylokokken, Koagulase positiv		$1{,}0 \times 10^2$					

Kefirerzeugnisse

Verbraucherproben			WC: 02-03
Quelle [F]	Richtwert	Warnwert	
ⓟ *Salmonella* spp.		n.n. / 25 g	
ⓟ *Listeria monocytogenes*		$1{,}0 \times 10^2$	
Enterobacteriaceae	$1{,}0 \times 10^1$		
Schimmelpilze	$1{,}0 \times 10^2$		
Staphylokokken, Koagulase positiv	$1{,}0 \times 10^2$		

Molkereiproben, Proben vom Groß- und Zwischenhandel				WC: 02-03			
Quelle [F]		Richtwert	Warnwert	n	c	m	M
ⓟ *Salmonella* spp.				5	0	0	0
ⓟ *Listeria monocytogenes*			n.n. / 25 g				
Enterobacteriaceae				5	2	0	5
Schimmelpilze		$1{,}0 \times 10^2$					
Staphylokokken, Koagulase positiv		$1{,}0 \times 10^2$					

Kondensmilcherzeugnisse

Verbraucherproben		
Quelle [F]	Richtwert	Warnwert
ⓟ *Salmonella* spp.		n.n. / 25 g
ⓟ *Listeria monocytogenes*		$1{,}0 \times 10^2$
Keimzahl, aerob und anaerob mesophil	$1{,}0 \times 10^2$	
Enterobacteriaceae	$1{,}0 \times 10^1$	
Staphylokokken, Koagulase positiv	$1{,}0 \times 10^2$	

Lebensmittelmikrobiologie – Richt- und Warnwerte

Milchmischerzeugnisse

pasteurisiert, Verbraucherproben
WC: 02-10-01 bis 02-10-12

Quelle [F]	Richtwert	Warnwert
P Salmonella spp.		n.n. / 25 g
P Listeria monocytogenes		$1,0 \times 10^2$
Keimzahl, aerob mesophil	$1,0 \times 10^5$	
Enterobacteriaceae	$1,0 \times 10^1$	
Staphylokokken, Koagulase positiv	$1,0 \times 10^2$	

pasteurisiert, Molkereiproben, Proben vom Groß- und Zwischenhandel
WC: 02-10-01 bis 02-10-12

Quelle [F]	Richtwert	Warnwert	n	c	m	M
P Salmonella spp.			5	0	0	0
P Listeria monocytogenes		n.n. / 25 g				
Keimzahl, aerob mesophil			5	2	$5,0 \times 10^4$	$1,0 \times 10^5$
Enterobacteriaceae			5	2	0	5
Staphylokokken, Koagulase positiv	$1,0 \times 10^2$					

ultrahocherhitzt, Verbraucherproben
WC: 02-10-01 bis 02-10-12

Quelle [F]	Richtwert	Warnwert
P Salmonella spp.		n.n. / 25 g
P Listeria monocytogenes		$1,0 \times 10^2$
Keimzahl, aerob mesophil	$1,0 \times 10^2$	$1,0 \times 10^2$ *
Staphylokokken, Koagulase positiv	$1,0 \times 10^2$	

* Warnwert nach Inkubation der Probe über 15 Tage bei 30°C

ultrahocherhitzt, Molkereiproben, Proben vom Groß- und Zwischenhandel
WC: 02-10-01 bis 02-10-12

Quelle [F]	Richtwert	Warnwert	n	c	m	M
P Salmonella spp.			5	0	0	0
P Listeria monocytogenes		n.n. / 25 g				
Keimzahl, aerob mesophil	$1,0 \times 10^2$	$1,0 \times 10^2$ *				
Staphylokokken, Koagulase positiv	$1,0 \times 10^2$					

* Warnwert nach Inkubation der Probe über 15 Tage bei 30°C

Angaben in KBE/g bzw. mL

Lebensmittelmikrobiologie – Richt- und Warnwerte

Butter

aus Rohmilch *

oder aus Milch, die einer Wärmebehandlung unterhalb der Pasteurisierungstemperatur unterzogen wurde

Quelle [E]	n	c	m	M
Lebensmittelsicherheitskriterium				
ⓟ *Salmonella* spp.	5	0	n.n. / 25 g	
Prozesshygienekriterium				
Escherichia coli [2]	5	2	$1{,}0 \times 10^1$	$1{,}0 \times 10^2$

[1] die einer Wärmebehandlung unterhalb der Pasteurisierungstemperatur unterzogen wurde
[2] *E. coli* wird hier als Hygieneindikator verwendet

Verbraucherproben   WC: 04-00

Quelle [F]	Richtwert	Warnwert
ⓟ *Salmonella* spp.		n.n. / 25 g
ⓟ *Listeria monocytogenes*		$1{,}0 \times 10^2$
Keimzahl, aerob mesophil	$1{,}0 \times 10^5$	
Enterobacteriaceae	$1{,}0 \times 10^1$	
Escherichia coli	$1{,}0 \times 10^1$	
Hefen	$1{,}0 \times 10^4$	
Schimmelpilze	$1{,}0 \times 10^2$	
Staphylokokken, Koagulase positiv	$1{,}0 \times 10^2$	

Molkereiproben, Proben vom Groß- und Zwischenhandel   WC: 04-00

Quelle [F]	Richtwert	Warnwert	n	c	m	M
ⓟ *Salmonella* spp.		n.n. / 25 g	5	0	0	0
ⓟ *Listeria monocytogenes*		n.n. / 25 g	5	0	0	0
Keimzahl, aerob mesophil	$1{,}0 \times 10^5$					
Enterobacteriaceae			5	2	0	$1{,}0 \times 10^1$
Escherichia coli	n.n.					
Hefen	$1{,}0 \times 10^4$					
Schimmelpilze	$1{,}0 \times 10^2$					
Staphylokokken, Koagulase positiv	n.n.					

Milchfetterzeugnisse

Milchfett- und Milchstreichfetterzeugnisse, Verbraucherproben   WC: 02-15 + 02-16

Quelle [F]	Richtwert	Warnwert
P *Salmonella* spp.		n.n. / 25 g
P *Listeria monocytogenes*		$1{,}0 \times 10^2$
Keimzahl, aerob mesophil	$1{,}0 \times 10^5$	
Escherichia coli	$1{,}0 \times 10^1$	
Hefen	$5{,}0 \times 10^4$	
Schimmelpilze	$1{,}0 \times 10^2$	
Staphylokokken, Koagulase positiv	$1{,}0 \times 10^2$	

Milchprodukte aus Milch anderer Tiere

Verbraucherproben   WC: 02-11

Quelle [F]	Richtwert	Warnwert
P *Salmonella* spp.		n.n. / 25 g
P *Listeria monocytogenes*		$1{,}0 \times 10^2$
Keimzahl, aerob mesophil [1]	$1{,}0 \times 10^5$	
Enterobacteriaceae	$1{,}0 \times 10^1$	
Hefen	$1{,}0 \times 10^3$	
Schimmelpilze	$1{,}0 \times 10^3$	
Staphylokokken, Koagulase positiv	$1{,}0 \times 10^2$	

[1] nicht für fermentierte Milchprodukte

Milch- und Molkepulver

Mikrobiologische Gefährdung

Empfehlenswerte Untersuchungen im Rahmen des Stichprobenplans:

Salmonella spp.
Listeria monocytogenes
Staphylococcus aureus
Bacillus cereus
Cronobacter sakazakii
Enterobacteriaceae

Durch Hitzebehandlung und Prozessierung werden pathogene Keime sicher abgetötet und Sporenbildner wie *Bacillus cereus* stark reduziert.

Milch- und Molkepulver

Quelle [E]	Warnwert	n	c	m	M
Lebensmittelsicherheitskriterium					
Ⓟ *Salmonella* spp.		5	0	n.n. / 25 g	
Staphylokokken-Enterotoxine [1]		5	0	n.n. / 25 g	
Prozesshygienekriterium [2]					
Enterobacteriaceae		5	0	$1,0 \times 10^1$	
Staphylokokken, Koagulase positiv		5	2	$1,0 \times 10^1$	$1,0 \times 10^2$

[1] sofern Staphylokokken-Keimzahlen > 10^5 KBE/g nachgewiesen werden
[2] dieses Kriterium gilt nicht für Erzeugnisse, die zur weiteren Verarbeitung in der Lebensmittelindustrie bestimmt sind

Trockenmilcherzeugnisse

Verbraucherproben — WC: 02-07; 02-08-30 bis 02-08-35

Quelle [F]	Richtwert	Warnwert
Ⓟ *Salmonella* spp.		n.n. / 25 g
Ⓟ *Listeria monocytogenes*		$1,0 \times 10^2$
Keimzahl, aerob mesophil	$5,0 \times 10^4$	
Enterobacteriaceae	$1,0 \times 10^1$	
Staphylokokken, Koagulase positiv	$1,0 \times 10^2$	

Molkereiproben, Proben vom Groß- und Zwischenhandel — WC: 02-07; 02-08-30 bis 02-08-35

Quelle [F]	Richtwert	Warnwert	n	c	m	M
Ⓟ *Salmonella* spp.		n.n. / 25 g	10	0	0	0
Ⓟ *Listeria monocytogenes*		n.n. / 25 g				
Keimzahl, aerob mesophil	$5,0 \times 10^4$					
Enterobacteriaceae			5	2	0	$1,0 \times 10^1$
Staphylokokken, Koagulase positiv			5	2	$1,0 \times 10^1$	$1,0 \times 10^2$

Angaben in KBE/g bzw. mL

Lebensmittelmikrobiologie – Richt- und Warnwerte

Säuglingsnahrung

Verzehrfertige Lebensmittel für Säuglinge oder besondere medizinische Zwecke

Eine regelmäßige Untersuchung anhand des Kriteriums ist unter normalen Umständen bei folgenden verzehrfertigen Lebensmitteln nicht sinnvoll:
- *Lebensmitteln, die einer Wärmebehandlung oder einer anderen Verarbeitung unterzogen wurden, durch die Listeria monocytogenes abgetötet werden, wenn eine erneute Kontamination nach Verarbeitung nicht möglich ist (z. B. bei der Endverpackung wärmebehandelten Erzeugnissen)*
- *frischem nicht zerkleinertem und nicht verarbeitetem Obst und Gemüse, ausgenommen Keimlinge*
- *Brot, Keksen sowie ähnlichen Erzeugnissen*
- *in Flaschen abgefülltem oder abgepacktem Wasser, Bier, Apfelwein, Wein, Spirituosen und ähnlichen Erzeugnissen*
- *Zucker, Honig und Süßwaren einschließlich Kakao- und Schokoladeerzeugnissen*
- *lebenden Muscheln*

Quelle [E]
Lebensmittelsicherheitskriterium

	n	c	m	M
Listeria monocytogenes	10	0	n.n. / 25 g	

auf Milchpulverbasis

WC: 48-01-00

Quelle [D]	Richtwert	Warnwert
Ⓟ *Salmonella* spp. [1, 2]		n.n. / 25 g
Ⓟ *Listeria monocytogenes* [1]		n.n. / 25 g
Keimzahl, aerob mesophil (30°C) [3]	$1{,}0 \times 10^3$	$1{,}0 \times 10^4$
Bacillus cereus, präsumtiv	$1{,}0 \times 10^2$	$1{,}0 \times 10^3$
Clostridien, Sulfit reduzierend, Sporen	$1{,}0 \times 10^1$	$1{,}0 \times 10^2$
Enterobacteriaceae, darunter	$1{,}0 \times 10^1$	$1{,}0 \times 10^2$
Escherichia coli [4]	< 3	$1{,}0 \times 10^1$
Schimmelpilze	$1{,}0 \times 10^2$	$1{,}0 \times 10^3$
Staphylokokken, Koagulase positiv		n.n. in 1 g

1 die 25 g setzen sich aus fünf Probenahmen von je 5 g zusammen, die an unterschiedlichen Stellen derselben Probe erfolgen
2 wenn mit 95%iger Wahrscheinlichkeit 1 KBE Salmonella pro 100 g Produkt ausgeschlossen werden soll, wird die Untersuchung von 10 x 25 g Probe empfohlen
3 nicht berücksichtigt werden Mikroorganismen, die aufgrund ihrer probiotischen Potenz zugesetzt wurden
4 beim Nachweis von *E. coli* ist der Kontaminationsquelle nachzugehen

Angaben in KBE/g bzw. mL

Lebensmittelmikrobiologie – Richt- und Warnwerte

... Säuglingsnahrung

auf Milchbasis, trocken oder eingedickt

WC: 48-01-00

In sauren Milcherzeugnissen sind die diesen weseneigentümlichen Bakterienarten nicht zu berücksichtigen.

Quelle [F]	Richtwert	Warnwert
ⓟ *Salmonella* spp.		n.n. / 25 g
ⓟ *Listeria monocytogenes*		n.n. / 25 g
Keimzahl, aerob mesophil		$5{,}0 \times 10^4$
Aerobe sporenbildende Bakerien oder andere		$1{,}5 \times 10^3$
Enterobacteriaceae		n.n. / $1{,}0 \times 10^{-2}$
Escherichia coli		n.n. / $1{,}0 \times 10^{-2}$
Staphylokokken, Koagulase positiv	$1{,}0 \times 10^2$	

Getrocknete Säuglingsanfangsnahrung und diätetische Lebensmittel

Diätetische Lebensmittel für besondere medizinische Zwecke, die für Säuglinge unter 6 Monaten bestimmt sind.

Quelle [E]	n	c	m	M
Lebensmittelsicherheitskriterium				
ⓟ *Salmonella* spp.	30	0	n.n. / 25 g	
Cronobacter spp. [1]	30	0	n.n. / 10 g	
Prozesshygienekriterium				
Bacillus cereus, präsumtiv	5	1	$5{,}0 \times 10^1$	$5{,}0 \times 10^2$
Enterobacteriaceae	10	0	n.n. / 10 g	

[1] Frühere Bezeichnung: *Enterobacter sakazakii*

Getrocknete Folgenahrung

Quelle [E]	n	c	m	M
Lebensmittelsicherheitskriterium				
ⓟ *Salmonella* spp.	30	0	n.n. / 25 g	
Prozesshygienekriterium				
Enterobacteriaceae	5	0	n.n. / 10 g	

Angaben in KBE/g bzw. mL

Säuglings- und Kleinkindernahrung

auf Getreidebasis ohne Milch WC: 48-02-00

Quelle [F]	Richtwert	Warnwert
℗ *Salmonella* spp.		n.n. / 25 g
℗ *Listeria monocytogenes*		n.n. / 25 g
Keimzahl, aerob mesophil	$1{,}0 \times 10^5$	
Bacillus cereus, präsumtiv	$1{,}0 \times 10^3$	
Enterobacteriaceae	$1{,}0 \times 10^1$	
Escherichia coli	n.n. / $1{,}0 \times 10^{-1}$	
Hefen	$1{,}0 \times 10^2$	
Schimmelpilze	$1{,}0 \times 10^2$	
Staphylokokken, Koagulase positiv	$1{,}0 \times 10^1$	

auf Gemüse- und/oder Obstbasis WC: 48-03-00

Quelle [F]	Richtwert	Warnwert
℗ *Listeria monocytogenes*		n.n. / 25 g
Keimzahl, aerob mesophil	$1{,}0 \times 10^1$	
Clostridien, Sulfit reduzierend	n.n. / $1{,}0 \times 10^{-1}$	
Hefen	n.n. / $1{,}0 \times 10^{-1}$	
Schimmelpilze	n.n. / $1{,}0 \times 10^{-1}$	

Diätetische Lebensmittel

genussfertig, mikrobiologische Anforderungen

Quelle [H]	Warnwert
Keimzahl, aerob mesophil	$1{,}0 \times 10^4$
Aerobe sporenbildende Bakerien oder eiweißlösende Bakterien	$1{,}5 \times 10^2$
Escherichia coli und coliforme Keime	n.n. / 0,1 g

Angaben in KBE/g bzw. mL

Speiseeis

Mikrobiologische Gefährdung

Empfehlenswerte Untersuchungen im Rahmen des Stichprobenplans:
Salmonella spp.
Listeria monocytogenes

Hygieneindikatorkeime:
Keimzahl, aerob mesophil
Enterobacteriaceae
Staphylococcus aureus

Verderb: bei Einhaltung der niedrigen Lagertemperatur nicht möglich

Der Eintrag von pathogenen Keimen in Eiscreme ist durch die verwendeten Rohwaren wie Milch, Früchte, Eier, Nüsse usw. möglich.

Durch Hitzebehandlung und Prozessierung werden pathogene Keime sicher abgetötet.

Eiscreme unter Verwendung von Milchbestandteilen

Quelle [E]

Lebensmittelsicherheitskriterium

	n	c	m	M
(P) *Salmonella* spp. [1]	5	0		n.n. / 25 g

[1] außer Erzeugnisse, bei denen das Samonellenrisiko durch Herstellungsverfahren oder Zusammensetzung des Erzeugnisses ausgeschlossen ist

Speiseeis und vergleichbare gefrorene Erzeugnisse auf Milchbasis

Ausschließlich Speiseeis unter Verwendung von Milchbestandteilen. Das Kriterium gilt für das Ende des Herstellungsprozesses. Maßnahmen im Fall unbefriedigender Ergebnisse: Verbesserung in der Herstellungshygiene.

Quelle [E]

Prozesshygienekriterium

	n	c	m	M
Enterobacteriaceae	5	2	$1,0 \times 10^1$	$1,0 \times 10^2$

Angaben in KBE/g bzw. mL

Lebensmittelmikrobiologie – Richt- und Warnwerte

lose Abgabe an den Verbraucher   WC: 42-00-00

Quelle [D]	Richtwert	Warnwert
Ⓟ *Salmonella* spp.		n.n. / 25 g
Ⓟ *Listeria monocytogenes*		$1,0 \times 10^2$
Keimzahl, aerob mesophil [1]	$1,0 \times 10^5$	
Enterobacteriaceae	$5,0 \times 10^1$	$5,0 \times 10^2$
Escherichia coli [2]	$1,0 \times 10^1$	$1,0 \times 10^2$
Staphylokokken, Koagulase positiv	$1,0 \times 10^1$	$1,0 \times 10^2$

[1] werden Zutaten wie Joghurt mit lebenden Milchsäurekulturen verarbeitet, muss dieses in der Beurteilung berücksichtigt werden
[2] beim Nachweis von *Escherichia coli* sollte der Kontaminationsquelle nachgegangen werden

Speiseeispulver

nicht als keimarm deklariert   WC: 42-08-02

Quelle [F]	Warnwert	n	c	m	M
Ⓟ *Salmonella* spp.	n.n. / 25 g	10	0	0	
Keimzahl, aerob mesophil		3	2	$5,0 \times 10^4$	$2,5 \times 10^5$
Enterobacteriaceae		5	2	0	$1,0 \times 10^1$
Staphylokokken, Koagulase positiv		5	0	0	

als keimarm deklariert   WC: 42-08-02

Quelle [F]	n	c	m	M
Ⓟ *Salmonella* spp.	10	0	0	
Keimzahl, aerob mesophil	3	2	$1,0 \times 10^4$	$5,0 \times 10^4$
Enterobacteriaceae	5	2	0	$1,0 \times 10^1$
Staphylokokken, Koagulase positiv	5	0	0	

Angaben in KBE/g bzw. mL

Getreideprodukte, Backwaren

Getreide und Getreideprodukte	103
Backwaren	103
Backwaren, tiefgekühlt	104
Brot-, Backwarenvormischungen	105
Fertigmehl	105
Frühstückscerealien	106
Getreidemahlerzeugnisse	106
Paniermehl	107
Patisseriewaren	107
Semmelknödel	108
Speisekleie	108
Weizenbrotstücke, getrocknet, Semmelmehl	108
Teigwaren	109

Getreide und Getreideprodukte

Brot, Müsli und Getreidesnacks gelten bei guter Hygienepraxis als Lebensmittel ohne ein ernst zu nehmendes Gefährdungspotenzial durch Mikroorganismen.

Getreide und Getreideprodukte enthalten viele Nährstoffe, die auch für Mikroorganismen geeignet sind. Die geringe Wasseraktivität der Produkte verhindert jedoch eine Vermehrung von Bakterien. Gebackene Getreideprodukte sind ausgesprochen selten die Ursache für lebensmittelbedingte Erkrankungen. Der Backprozess reduziert die Wasseraktivität nochmals. Lediglich Pilze spielen beim Verderb eine wichtige Rolle. Als gesundheitlich ernst zu nehmende Gefahr sind die durch Pilze produzierten Gifte, so genannte Mykotoxine, zu bewerten. Die Mykotoxine können vor der Ernte, während der Verarbeitung und Lagerung gebildet werden. Zwei große Gruppen von Pilzen werden unterschieden, die Feld- und die Lagerpilze (nähere Informationen siehe Kapitel Mykotoxine).

Bakterien gehören ebenfalls zur Normalflora des Getreides, die häufigsten gehören zu den Gattungen *Bacillus*, *Lactobacillus*, *Pseudomonas*, *Streptococcus*, *Achromobacter*, *Flavobacterium*, *Micrococcus* und *Alcaligenes*. Aerobe mesophile Keimzahlen von bis zu 10^6 KBE/g sind nicht ungewöhnlich. *B. cereus* wird sehr häufig auf Reis gefunden und kann als Sporen- und Toxinbildner Erkrankungen verursachen (siehe Keime im Visier, Seite 8).

Während der Herstellung von Getreideprodukten können allerdings Kontaminationen mit Bakterien erfolgen, wie Beispiele aus Nudelfabriken belegen. Hier wurden Maschinen nicht täglich gereinigt, so dass sich *Staphylococcus aureus* stark vermehren konnte und hitzestabile Toxine bildete, die Erkrankungen verursachten.

Backwaren

fein, frisch, mit nicht durchgebackener Füllung WC: 18-00-00

Produkte, die bestimmungsgemäß ohne Erhitzen verzehrsfertig sind.

Quelle [D]	Richtwert	Warnwert
Ⓟ *Salmonella* spp.		n.n. / 25 g
Ⓟ *Listeria monocytogenes*		$1,0 \times 10^2$
Keimzahl, aerob mesophil	$1,0 \times 10^6$	
Bacillus cereus, präsumtiv	$1,0 \times 10^3$	$1,0 \times 10^4$
Enterobacteriaceae	$1,0 \times 10^3$	$1,0 \times 10^4$
Escherichia coli	$1,0 \times 10^1$	$1,0 \times 10^2$
Hefen	$1,0 \times 10^4$	
Schimmelpilze	$1,0 \times 10^3$	
Staphylokokken, Koagulase positiv	$1,0 \times 10^2$	$1,0 \times 10^3$

Angaben in KBE/g bzw. mL

Backwaren, tiefgekühlt

feine, roh/teilgegart   WC: 16-15-00

Produkte, die vor Verzehr zu erhitzen sind, z.B. Teige, Teiglinge etc..

Quelle [D]	Richtwert	Warnwert
(P) *Salmonella* spp.		n.n. / 25 g
(P) *Listeria monocytogenes*		$1{,}0 \times 10^2$
Bacillus cereus, präsumtiv	$1{,}0 \times 10^2$	$1{,}0 \times 10^3$
Escherichia coli	$1{,}0 \times 10^2$	$1{,}0 \times 10^3$
Schimmelpilze	$1{,}0 \times 10^4$	
Staphylokokken, Koagulase positiv	$1{,}0 \times 10^2$	$1{,}0 \times 10^3$

durchgebackene, mit und ohne Füllung   WC: 18-00-00

Die Produktgruppe umfasst bestimmungsgemäß ohne Erhitzen verzehrfertige Tiefkühl-Backwaren, bei denen alle Zutaten – auch Füllungen und/oder Überzüge – bei der Herstellung mitgebacken wurden wie Brötchen, Croissants, ungefüllte Crêpes und fertig gebackener Apfelstrudel.

Als Probe für die Untersuchung ist die kleinste Verkaufseinheit, mindestens aber 50 g einzusetzen.

Quelle [D]	Richtwert	Warnwert
(P) *Salmonella* spp.		n.n. / 25 g
(P) *Listeria monocytogenes*		$1{,}0 \times 10^2$
Keimzahl, aerob mesophil	$1{,}0 \times 10^5$	
Bacillus cereus, präsumtiv	$1{,}0 \times 10^2$	$1{,}0 \times 10^3$
Escherichia coli	$1{,}0 \times 10^1$	$1{,}0 \times 10^2$
Schimmelpilze	$1{,}0 \times 10^2$	
Staphylokokken, Koagulase positiv	$1{,}0 \times 10^1$	$1{,}0 \times 10^2$

roh/teilgegart, vor dem Verzehr zu erhitzen

Die Produktgruppe umfasst Tiefkühl-Backwaren wie Teige, Teiglinge, Obst- und Quarkbackwaren.

Als Probe für die Untersuchung ist die kleinste Verkaufseinheit, mindestens aber 50 g einzusetzen.

Quelle [D]	Richtwert	Warnwert
(P) *Salmonella* spp.		n.n. / 25 g
(P) *Listeria monocytogenes*		$1{,}0 \times 10^2$
Bacillus cereus, präsumtiv	$1{,}0 \times 10^2$	$1{,}0 \times 10^3$
Escherichia coli	$1{,}0 \times 10^2$	$1{,}0 \times 10^3$
Schimmelpilze	$1{,}0 \times 10^4$	
Staphylokokken, Koagulase positiv	$1{,}0 \times 10^2$	$1{,}0 \times 10^3$

Brot-, Backwarenvormischungen

backfertige Mehlmischungen — WC: 16-08-00 und 16-13-00

Quelle [F]	Richtwert	Warnwert
ⓟ *Salmonella* spp.		n.n. / 25 g
Keimzahl, aerob mesophil	$1{,}0 \times 10^4$	
Bacillus cereus, präsumtiv	$1{,}0 \times 10^4$	
Enterobacteriaceae	$1{,}0 \times 10^2$	
Schimmelpilze	$1{,}0 \times 10^4$	

Fertigmehl

für Feinteig ohne Hefe, wie Eierkuchenmehl — WC: 16-13-02

Quelle [F]	Richtwert	Warnwert
ⓟ *Salmonella* spp.		n.n. / 25 g
Keimzahl, aerob mesophil	$1{,}0 \times 10^5$	
Enterobacteriaceae	$1{,}0 \times 10^3$	
Hefen	$1{,}0 \times 10^3$	
Schimmelpilze	$1{,}0 \times 10^3$	

Lebensmittelmikrobiologie – Richt- und Warnwerte

Frühstückscerealien

wie Flakes, Müsli WC: 16-00-00

Quelle [F]	Richtwert	Warnwert
ⓟ *Salmonella* spp.		n.n. / 25 g
Keimzahl, aerob mesophil	$1,0 \times 10^5$	
Enterobacteriaceae	$1,0 \times 10^1$	
Schimmelpilze	$1,0 \times 10^2$	

Getreidemahlerzeugnisse

Getreidemahlerzeugnisse WC: 16-01-00

Die Werte werden für Produkte empfohlen, die vor dem Verzehr keinem weiteren Verfahren zur Keimreduzierung unterzogen werden. Ausgenommen sind Getreideflocken, Müslis, Saaten, Samen, Kerne sowie Malzmehle.

Quelle [D]	Richtwert	Warnwert
ⓟ *Salmonella* spp.		n.n. / 25 g
Keimzahl, aerob mesophil (30°C)	$1,0 \times 10^6$	
Bacillus cereus, präsumtiv	$1,0 \times 10^2$	$1,0 \times 10^3$
Clostridien, Sulfit reduzierend, Sporen	$1,0 \times 10^2$	$1,0 \times 10^3$
Enterobacteriaceae	$1,0 \times 10^5$	$1,0 \times 10^6$
Escherichia coli [1]	$1,0 \times 10^1$	$1,0 \times 10^2$
Hefen	$1,0 \times 10^3$	
Schimmelpilze	$1,0 \times 10^4$	
Staphylokokken, Koagulase positiv	$1,0 \times 10^2$	$1,0 \times 10^3$

[1] beim Nachweis von *E. coli* ist der Kontaminationsquelle nachzugehen

Paniermehl

Paniermehl WC: 17-20-01

Quelle [F]	Richtwert
ⓟ *Salmonella* spp.	n.n. / 25 g
Keimzahl, aerob mesophil	$5,0 \times 10^6$
Enterobacteriaceae	$1,0 \times 10^2$
Hefen	$1,0 \times 10^3$
Schimmelpilze	$1,0 \times 10^3$

Angaben in KBE/g bzw. mL

Patisseriewaren

Patisseriewaren, mit nicht durchgebackener Füllung

Als Probe für die Untersuchung ist die kleinste Verkaufseinheit, mindestens aber 50 g einzusetzen

Quelle [D]	Richtwert	Warnwert
ⓟ *Salmonella* spp.		n.n. / 25 g
ⓟ *Listeria monocytogenes*		$1{,}0 \times 10^2$
Keimzahl, aerob mesophil	$1{,}0 \times 10^6$	
Bacillus cereus, präsumtiv	$1{,}0 \times 10^3$	$1{,}0 \times 10^4$
Enterobacteriaceae	$1{,}0 \times 10^3$	$1{,}0 \times 10^4$
Escherichia coli [1]	$1{,}0 \times 10^1$	$1{,}0 \times 10^2$
Hefen	$1{,}0 \times 10^4$	
Schimmelpilze	$1{,}0 \times 10^3$	
Staphylokokken, Koagulase positiv	$1{,}0 \times 10^2$	$1{,}0 \times 10^3$

[1] beim Nachweis von *E. coli* ist der Kontaminationsquelle nachzugehen

Patisseriewaren, tiefgekühlt, mit nicht durchgebackener Füllung

WC: 18-00-00

Die Produktgruppe umfasst bestimmungsgemäß ohne Erhitzen verzehrsfertige Tiefkühl-Backwaren, die nach dem Backen und vor dem Tiefgefrieren gefüllt und/oder belegt und/oder überzogen werden einschließlich Obstkuchen, gefüllte Crêpes und Sahne-/Creme-Produkte.

Als Probe für die Untersuchung ist die kleinste Verkaufseinheit, mindestens aber 50 g einzusetzen

Quelle [D]	Richtwert	Warnwert
ⓟ *Salmonella* spp.		n.n. / 25 g
ⓟ *Listeria monocytogenes*		$1{,}0 \times 10^2$
Keimzahl, aerob mesophil [1]	$1{,}0 \times 10^6$	
Bacillus cereus, präsumtiv	$1{,}0 \times 10^2$	$1{,}0 \times 10^3$
Enterobacteriaceae	$1{,}0 \times 10^2$	$1{,}0 \times 10^3$
Escherichia coli	$1{,}0 \times 10^1$	$1{,}0 \times 10^2$
Schimmelpilze	$1{,}0 \times 10^3$	
Staphylokokken, Koagulase positiv	$1{,}0 \times 10^2$	$1{,}0 \times 10^3$

[1] bei Verwendung von fermentierten Zutaten ist die Anzahl aerober mesophiler Fremdkeime zu bestimmen

Angaben in KBE/g bzw. mL

Lebensmittelmikrobiologie – Richt- und Warnwerte

Semmelknödel

tiefgefroren — WC: 17-20-03

Quelle [F]	Richtwert	Warnwert
ⓟ *Salmonella* spp.		n.n. / 25 g
Keimzahl, aerob mesophil	$1{,}0 \times 10^7$	
Schimmelpilze	$1{,}0 \times 10^3$	
Staphylokokken, Koagulase positiv	$1{,}0 \times 10^3$	

Speisekleie

und ähnliche Erzeugnisse — WC: 16-08-00

Quelle [F]	Richtwert	Warnwert
ⓟ *Salmonella* spp.		n.n. / 25 g
Keimzahl, aerob mesophil	$1{,}0 \times 10^6$	
Enterobacteriaceae	$1{,}0 \times 10^3$	
Escherichia coli	$1{,}0 \times 10^1$	
Bacillus cereus, präsumtiv	$1{,}0 \times 10^4$	
Staphylokokken, Koagulase positiv	n.n. / 25 g	
Streptokokken der Serogruppe D (Enterokokken)	$1{,}0 \times 10^2$	

Weizenbrotstücke, getrocknet, Semmelmehl

Weizenbrotstücke, getrocknet, Semmelmehl — WC: 17-20-05

Quelle [F]	Richtwert
ⓟ *Salmonella* spp.	n.n. / 25 g
Keimzahl, aerob mesophil	$1{,}0 \times 10^5$
Enterobacteriaceae	$1{,}0 \times 10^2$
Hefen	$1{,}0 \times 10^3$
Schimmelpilze	$1{,}0 \times 10^3$

Angaben in KBE/g bzw. mL

Teigwaren

roh, getrocknet WC: 22-00-00

Quelle [D]	Richtwert	Warnwert
ⓟ *Salmonella* spp.		n.n. / 25 g
Bacillus cereus, präsumtiv	$1,0 \times 10^3$	$1,0 \times 10^4$
Clostridien, Sulfit reduzierend	$1,0 \times 10^3$	$1,0 \times 10^4$
Enterobacteriaceae	$1,0 \times 10^3$	$1,0 \times 10^4$
Escherichia coli	$1,0 \times 10^2$	$1,0 \times 10^3$
Schimmelpilze	$1,0 \times 10^3$	
Staphylokokken, Koagulase positiv	$1,0 \times 10^3$	$1,0 \times 10^4$

feucht, verpackt WC: 22-07-00

Die Produktgruppe umfasst verpackte, gefüllte und ungefüllte Teigwaren wie Tortelloni/Tortellini, Ravioli, Conchiglie, Agnolotti, Grantortelli, Maultaschen, Spätzle, Schupfnudeln etc. Die angegebenen Werte sind bis zum Mindesthaltbarkeitsdatum einzuhalten.

Quelle [D]	Richtwert	Warnwert
ⓟ *Salmonella* spp.		n.n. / 25 g
ⓟ *Listeria monocytogenes*		$1,0 \times 10^2$
Keimzahl, aerob mesophil	$1,0 \times 10^6$	
Bacillus cereus, präsumtiv	$1,0 \times 10^2$	$1,0 \times 10^3$
Enterobacteriaceae	$1,0 \times 10^2$	$1,0 \times 10^4$
Escherichia coli [1]	$1,0 \times 10^1$	$1,0 \times 10^2$
Staphylokokken, Koagulase positiv	$1,0 \times 10^2$	$1,0 \times 10^3$

[1] beim Nachweis von *E. coli* sollte der Kontaminationsquelle nachgegangen werden

feuchte, offen angeboten

Die Produktgruppe umfasst offen angebotene frische, feuchte Teigwaren (mit und ohne Füllung).

Quelle [D]	Richtwert	Warnwert
ⓟ *Salmonella* spp.		n.n. / 25 g
ⓟ *Listeria monocytogenes*		$1,0 \times 10^2$
Keimzahl, aerob mesophil	$1,0 \times 10^6$	
Bacillus cereus, präsumtiv	$1,0 \times 10^3$	$1,0 \times 10^4$
Enterobacteriaceae	$1,0 \times 10^4$	$1,0 \times 10^5$
Escherichia coli [1]	$1,0 \times 10^1$	$1,0 \times 10^2$
Staphylokokken, Koagulase positiv	$1,0 \times 10^2$	$1,0 \times 10^3$

[1] beim Nachweis von *E. coli* sollte der Kontaminationsquelle nachgegangen werden

Angaben in KBE/g bzw. mL

Convenience

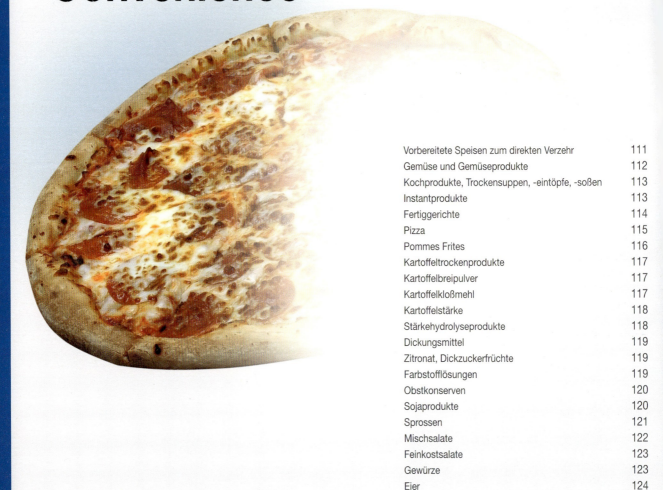

Vorbereitete Speisen zum direkten Verzehr	111
Gemüse und Gemüseprodukte	112
Kochprodukte, Trockensuppen, -eintöpfe, -soßen	113
Instantprodukte	113
Fertiggerichte	114
Pizza	115
Pommes Frites	116
Kartoffeltrockenprodukte	117
Kartoffelbreipulver	117
Kartoffelkloßmehl	117
Kartoffelstärke	118
Stärkehydrolyseprodukte	118
Dickungsmittel	119
Zitronat, Dickzuckerfrüchte	119
Farbstofflösungen	119
Obstkonserven	120
Sojaprodukte	120
Sprossen	121
Mischsalate	122
Feinkostsalate	123
Gewürze	123
Eier	124

Vorbereitete Speisen zum direkten Verzehr

Sandwiches, belegte Brötchen

Quelle [D]	Richtwert	Warnwert
P *Salmonella* spp.		n.n. / 25 g
P *Listeria monocytogenes*		$1{,}0 \times 10^2$
Bacillus cereus, präsumtiv	$1{,}0 \times 10^2$	$1{,}0 \times 10^3$
Escherichia coli	$1{,}0 \times 10^2$	$1{,}0 \times 10^3$
Hefen [1]	$1{,}0 \times 10^5$	
Schimmelpilze [1]	$1{,}0 \times 10^3$	
Staphylokokken, Koagulase positiv	$1{,}0 \times 10^2$	$1{,}0 \times 10^3$

[1] werden Produkte mit lebenden Mikroorganismen (Starterkulturen) als Zutaten verarbeitet, muss dies bei der Beurteilung berücksichtigt werden

hitzebehandelte, verzehrfertige Speisen

die zur Abgabe an den Verbraucher in warmen Zustand bereitgehalten werden

Quelle [D]	Richtwert	Warnwert
P *Salmonella* spp.		n.n. / 25 g
P *Listeria monocytogenes*		$1{,}0 \times 10^2$
Keimzahl, aerob mesophil	$1{,}0 \times 10^4$	
Bacillus cereus, präsumtiv	$1{,}0 \times 10^2$	$1{,}0 \times 10^3$
Enterobacteriaceae	$5{,}0 \times 10^1$	$5{,}0 \times 10^2$
Escherichia coli	$1{,}0 \times 10^1$	$1{,}0 \times 10^2$
Clostridien, Sulfit reduzierend, Sporen	$1{,}0 \times 10^2$	$1{,}0 \times 10^3$
Staphylokokken, Koagulase positiv	$1{,}0 \times 10^1$	$1{,}0 \times 10^2$

Obst und Gemüse, vorzerkleinert, verzehrfertig

Quelle [E]	n	c	m	M
Lebensmittelsicherheitskriterium				
P *Salmonella* spp.	5	0	n.n. / 25 g	
Prozesshygienekriterium				
Escherichia coli	5	2	$1{,}0 \times 10^2$	$1{,}0 \times 10^3$

Angaben in KBE/g bzw. mL

Lebensmittelmikrobiologie – Richt- und Warnwerte

Gemüse und Gemüseprodukte
Karotten, Sellerie, Zwiebeln, Spargel, Bohnen, Kartoffeln, Blumenkohl, Spinat usw.

Mikrobiologische Gefährdung

Gefährdungspotential ist als gering einzustufen

Blanchiertes, rohes TK-Gemüse roh oder wenig behandelt (geschält, geschnitten)

Salmonella spp.
Enterococcus spp.
Clostridium botulinum

Hygieneindikatorkeime:

Listeria monocytogenes
E. coli

Verderb: sensorisch wahrnehmbar

Gemüse und Gemüseprodukte, gekocht

Clostridium botulinum (anaerob verpackt)

Hygieneindikatorkeime:

Listeria monocytogenes
E. coli

Verderb: sensorisch wahrnehmbar, unbedeutend

Gemüse und Gemüseprodukte, eingekocht

Aufgrund der heutzutage verwendeten technologischen Verfahren werden Sporen von *Clostridum botulinum* sicher abgetötet

Clostridium botulinum

Verderb: gegebenenfalls Bombage durch beispielsweise Gas bildende *Clostridium thermosaccharolyticum*, dann auch Gefährdung durch Botulinum-Toxin.

Gram-negative pathogene Keime überleben das Blanchieren nicht. Eventuell überlebende pathogene Keime können sich nicht vermehren. Gefrorenes Gemüse wird in der Regel vor dem Verzehr erhitzt.

Gemüse und Gemüseprodukte, gefroren

Clostridium botulinum

Verderb: bei Einhaltung der niedrigen Lagertemperatur nicht möglich

Angaben in KBE/g bzw. mL

Kochprodukte, Trockensuppen, -eintöpfe, -soßen

Kochprodukte, Trockensuppen, -eintöpfe, -soßen
WC: 14-00-00

Quelle [D]	Richtwert	Warnwert
ⓟ *Salmonella* spp.		n.n. / 25 g
Keimzahl, aerob mesophil	$1,0 \times 10^6$	
Bacillus cereus, präsumtiv	$1,0 \times 10^3$	$1,0 \times 10^4$
Clostridien, Sulfit reduzierend	$1,0 \times 10^3$	$1,0 \times 10^4$
Enterobacteriaceae	$1,0 \times 10^4$	
Escherichia coli	$1,0 \times 10^2$	$1,0 \times 10^3$
Schimmelpilze	$1,0 \times 10^4$	
Staphylokokken, Koagulase positiv	$1,0 \times 10^2$	$1,0 \times 10^3$

Instantprodukte

kalt angerührt oder kurz aufgekocht
WC: 21-00-00

Kalt angerührt: Mousse, Pudding, Dessert, Creme, Wackelpudding
Kurz aufgekocht: Reisbrei, Grießbrei, Kochpudding, getrocknetes Kartoffelpüree

Quelle [D]	Richtwert	Warnwert
ⓟ *Salmonella* spp.		n.n. / 25 g
Keimzahl, aerob mesophil	$1,0 \times 10^5$	
Bacillus cereus, präsumtiv	$1,0 \times 10^3$	$1,0 \times 10^4$
Clostridien, Sulfit reduzierend, Sporen	$1,0 \times 10^3$	$1,0 \times 10^4$
Enterobacteriaceae	$1,0 \times 10^3$	$1,0 \times 10^4$
Escherichia coli	$1,0 \times 10^1$	$1,0 \times 10^2$
Schimmelpilze	$1,0 \times 10^4$	
Staphylokokken, Koagulase positiv	$1,0 \times 10^2$	$1,0 \times 10^3$

Lebensmittelmikrobiologie – Richt- und Warnwerte

Fertiggerichte

zubereitete Speisen vor Verzehr zu erhitzen — WC: 50-00-00

Quelle [F]	Richtwert	Warnwert
🅟 *Salmonella* spp.		n.n. / 25 g
🅟 *Listeria monocytogenes*		$1{,}0 \times 10^2$
Keimzahl, aerob mesophil	$1{,}0 \times 10^6$	
Bacillus cereus, präsumtiv	$1{,}0 \times 10^2$	
Clostridium perfringens	$1{,}0 \times 10^2$	
Enterobacteriaceae	$1{,}0 \times 10^4$	
Hefen	$1{,}0 \times 10^3$	
Schimmelpilze	$1{,}0 \times 10^3$	
Staphylokokken, Koagulase positiv	$1{,}0 \times 10^2$	

zubereitete Speisen, ohne Erhitzen verzehrsfertig — WC: 50-00-00

Quelle [F]	Richtwert	Warnwert
🅟 *Salmonella* spp.		n.n. / 25 g
🅟 *Listeria monocytogenes*	n.n. in 1 g	$1{,}0 \times 10^2$
Keimzahl, aerob mesophil	$1{,}0 \times 10^5$	
Bacillus cereus, präsumtiv	$1{,}0 \times 10^2$	
Clostridium perfringens	$1{,}0 \times 10^2$	
Enterobacteriaceae	$1{,}0 \times 10^3$	
Hefen	$1{,}0 \times 10^3$	
Schimmelpilze	$1{,}0 \times 10^3$	
Staphylokokken, Koagulase positiv	$1{,}0 \times 10^2$	

tiefgekühlt, nur auf Verzehrstemperatur zu erhitzen — WC: 50-00-00

Die Produktgruppe umfasst gegarte Erzeugnisse, bzw. Teile davon.
Als Probe für die Untersuchung ist die kleinste Verkaufseinheit, mindestens aber 50 g einzusetzen

Quelle [D]	Richtwert	Warnwert
🅟 *Salmonella* spp.		n.n. / 25 g
🅟 *Listeria monocytogenes*		$1{,}0 \times 10^2$
Keimzahl, aerob mesophil [1]	$1{,}0 \times 10^6$	
Bacillus cereus, präsumtiv	$1{,}0 \times 10^3$	$1{,}0 \times 10^4$
Escherichia coli	$1{,}0 \times 10^2$	$1{,}0 \times 10^3$
Staphylokokken, Koagulase positiv	$1{,}0 \times 10^2$	$1{,}0 \times 10^3$

[1] die Keimzahl kann überschritten werden, wenn rohe Produkte wie Käse, Petersilie etc. mitverwendet werden

Angaben in KBE/g bzw. mL

Lebensmittelmikrobiologie – Richt- und Warnwerte

tiefgekühlt, vor dem Verzehr zu garen   WC: 50-00-00

Die Produktgruppe umfasst rohe oder teilgegarte Erzeugnisse, bzw. Teile davon.
Als Probe für die Untersuchung ist die kleinste Verkaufseinheit, mindestens aber 50 g einzusetzen

Quelle [D]	Richtwert	Warnwert
P *Salmonella* spp. [1]		n.n. / 25 g
Bacillus cereus, präsumtiv	$1,0 \times 10^3$	$1,0 \times 10^4$
Escherichia coli	$1,0 \times 10^3$	$1,0 \times 10^4$
Staphylokokken, Koagulase positiv	$1,0 \times 10^2$	$1,0 \times 10^3$

[1] *Salmonella* spp. sollen in 25 g nicht nachweisbar sein. Wegen der verbreiteten Belastung von Geflügel und von anderen Tieren können die Proben bei Verwendung von rohem Fleisch auch bei guter Betriebshygiene jedoch relativ häufig *Salmonella*-positiv sein. Bei positivem Befund ist der Kontaminationsquelle nachzugehen. Den Herstellern wird empfohlen, für derartige Produkte nur gegartes Fleisch einzusetzen. Geschieht dies nicht, besteht bei Nichtanbringen eines Hinweises "Durchgaren erforderlich" und der genauen Angabe der Garungsbedingungen die Gefahr einer Gesundheitsgefährdung des Verbrauchers; ein Anbringen dieser Hinweise ist sowohl auf Haushaltspackungen als auch auf Großverbraucherpackungen notwendig.

Pizza

vorgegart, tiefgefroren   WC: 50-00-00

Quelle [F]	Richtwert	Warnwert
P *Salmonella* spp.		n.n. / 25 g
P *Listeria monocytogenes*		$1,0 \times 10^2$
Keimzahl, aerob mesophil	$1,0 \times 10^5$	
Clostridien, Sulfit reduzierend	$1,0 \times 10^1$	
Enterobacteriaceae	$1,0 \times 10^3$	
Staphylokokken, Koagulase positiv	$1,0 \times 10^1$	

Angaben in KBE/g bzw. mL

Lebensmittelmikrobiologie – Richt- und Warnwerte

... Pizza

ungebacken, vor Verzehr zu erhitzen WC: 50-00-00

Quelle [F]	Richtwert	Warnwert
ⓟ *Salmonella* spp.		n.n. / 25 g
ⓟ *Listeria monocytogenes*		$1,0 \times 10^2$
Keimzahl, aerob mesophil	$1,0 \times 10^6$	
Clostridien, Sulfit reduzierend	n.n. / $1,0 \times 10^2$	
Enterobacteriaceae	$1,0 \times 10^4$	
Schimmelpilze	$1,0 \times 10^3$	
Staphylokokken, Koagulase positiv	n.n. / $1,0 \times 10^1$	

erhitzt, verzehrfertig WC: 50-00-00

Quelle [F]	Richtwert	Warnwert
ⓟ *Salmonella* spp.		n.n. / 25 g
ⓟ *Listeria monocytogenes*		$1,0 \times 10^2$
Keimzahl, aerob mesophil	$1,0 \times 10^3$	
Enterobacteriaceae	$1,0 \times 10^2$	

Pommes frites

Pommes frites WC: 24-03-00 *

Quelle [F]	Richtwert	Warnwert
ⓟ *Salmonella* spp.		n.n. / 25 g
Keimzahl, aerob mesophil	$1,0 \times 10^5$	
Bacillus cereus, präsumtiv	$1,0 \times 10^2$	
Enterobacteriaceae	$1,0 \times 10^2$	
Escherichia coli	$1,0 \times 10^1$	
Schimmelpilze	$1,0 \times 10^2$	
Staphylokokken, Koagulase positiv	$1,0 \times 10^1$	

* Hinweis zu den Warencodes: 24-03-12 Pommes frites gegart / 24-03-13 Pommes frites gegart tiefgefroren

Kartoffeltrockenprodukte

Kartoffeltrockenprodukte WC: 24-05-00

Quelle [F]	Richtwert	Warnwert
Ⓟ *Salmonella* spp.		n.n. / 25 g
Keimzahl, aerob mesophil	$1,0 \times 10^5$	
Bacillus cereus, präsumtiv	$1,0 \times 10^2$	
Enterobacteriaceae	$1,0 \times 10^1$	
Escherichia coli	$1,0 \times 10^1$	
Schimmelpilze	$1,0 \times 10^2$	
Staphylokokken, Koagulase positiv	$1,0 \times 10^1$	

Kartoffelbreipulver

Kartoffelbreipulver WC: 24-05-06

Quelle [F]	Richtwert
Keimzahl, aerob mesophil	$3,0 \times 10^5$
Enterobacteriaceae	$1,0 \times 10^2$
Escherichia coli	$1,0 \times 10^1$
Hefen	$1,0 \times 10^2$
Schimmelpilze	$1,0 \times 10^2$

Kartoffelkloßmehl

für rohe Klöße WC: 24-05-07

Quelle [F]	Richtwert	Warnwert
Ⓟ *Salmonella* spp.		n.n. / 25 g
Keimzahl, aerob mesophil	$1,0 \times 10^5$	
Bacillus cereus, präsumtiv	$1,0 \times 10^3$	
Clostridium perfringens	$1,0 \times 10^1$	
Enterobacteriaceae	$1,0 \times 10^1$	
Hefen	$1,0 \times 10^2$	
Schimmelpilze	$1,0 \times 10^2$	
Staphylokokken, Koagulase positiv	$1,0 \times 10^1$	

Lebensmittelmikrobiologie – Richt- und Warnwerte

Kartoffelstärke

Kartoffelstärke nativ — WC: 24-08-01

Quelle [F]	Richtwert	Warnwert
P *Salmonella* spp.		n.n. / 25 g
Keimzahl, aerob mesophil	$1{,}0 \times 10^5$	
Enterobacteriaceae	$1{,}0 \times 10^1$	
Hefen	$1{,}0 \times 10^2$	
Schimmelpilze	$1{,}0 \times 10^3$	

Stärkehydrolyseprodukte

Quellstärke aus Kartoffeln — WC: 24-08-02

Quelle [F]	Richtwert	Warnwert
P *Salmonella* spp.		n.n. / 25 g
Keimzahl, aerob mesophil	$1{,}0 \times 10^3$	
Enterobacteriaceae	$1{,}0 \times 10^1$	
Hefen	$1{,}0 \times 10^2$	
Schimmelpilze	$1{,}0 \times 10^2$	

Lösliche Kartoffelstärke — WC: 24-08-03

Quelle [F]	Richtwert	Warnwert
P *Salmonella* spp.		n.n. / 25 g
Keimzahl, aerob mesophil	$1{,}0 \times 10^3$	
Enterobacteriaceae	$1{,}0 \times 10^1$	
Hefen	$1{,}0 \times 10^2$	
Schimmelpilze	$1{,}0 \times 10^2$	

Carboxymethylstärke (CMS), Trivialname „Amylopektin" — WC: 24-08-04

Quelle [F]	Richtwert	Warnwert
P *Salmonella* spp.		n.n. / 25 g
Keimzahl, aerob mesophil	$1{,}0 \times 10^3$	
Enterobacteriaceae	$1{,}0 \times 10^1$	
Hefen	$1{,}0 \times 10^2$	
Schimmelpilze	$1{,}0 \times 10^2$	

Dickungsmittel

Geliermittel, Emulgatoren, Stabilisatoren (außer Stärkehydrolyseprodukt) — WC: 57-00-99

Quelle [F]	Richtwert	Warnwert
Ⓟ *Salmonella* spp.		n.n. / 25 g
Keimzahl, aerob mesophil	$1{,}0 \times 10^2$	
Clostridien, Sulfit reduzierend	$1{,}0 \times 10^1$	
Enterobacteriaceae	$1{,}0 \times 10^1$	
Hefen	$1{,}0 \times 10^1$	
Schimmelpilze	$1{,}0 \times 10^1$	

Zitronat, Dickzuckerfrüchte

Zitronat, Dickzuckerfrüchte — WC: 30-27-00

Quelle [F]	Richtwert
Hefen	$3{,}0 \times 10^4$
Osmotolerante Mikroorganismen	$1{,}0 \times 10^3$

Farbstofflösungen

flüssig, für Lebensmittel — WC: 57-09-00

Quelle [F]	Richtwert
Keimzahl, aerob mesophil	$1{,}0 \times 10^2$
Enterobacteriaceae	$1{,}0 \times 10^1$
Hefen	$1{,}0 \times 10^1$
Schimmelpilze	$1{,}0 \times 10^1$

Angaben in KBE/g bzw. mL

Lebensmittelmikrobiologie – Richt- und Warnwerte

Obstkonserven

pH ≥ 3,5 — WC: 30-01-00 *

Quelle [F]	Richtwert
Keimzahl, aerob mesophil	$1{,}0 \times 10^{2}$
Clostridien, Sulfit reduzierend	n.n. / $1{,}0 \times 10^{-1}$
Hefen	$1{,}0 \times 10^{1}$
Schimmelpilze	$1{,}0 \times 10^{1}$

* Hinweis zu den Warencodes:
  - 30-01-00 Beerenobst Konserven
  - 30-08-00 Kernobst Konserven
  - 30-15-00 Steinobst Konserven
  - 30-22-00 Zitrusfrüchte Konserven
  - 30-28-00 Früchte Pflanzenteile exotisch und Rhabarber Konserven
  - 30-35-00 Obstmischungen Konserven

pH < 3,5 — WC: 30-01-00 *

Quelle [F]	Richtwert
Hefen	n.n. / $1{,}0 \times 10^{-1}$
Osmotolerante Hefen	$1{,}0 \times 10^{1}$
Schimmelpilze	n.n. / $1{,}0 \times 10^{-1}$

* Hinweis zu den Warencodes:
  - 30-01-00 Beerenobst Konserven
  - 30-08-00 Kernobst Konserven
  - 30-15-00 Steinobst Konserven
  - 30-22-00 Zitrusfrüchte Konserven
  - 30-28-00 Früchte Pflanzenteile exotisch und Rhabarber Konserven
  - 30-35-00 Obstmischungen Konserven

Sojaprodukte

Tofu — WC: 23-02-09

Als Probe für die Untersuchung ist die kleinste Verkaufseinheit, mindestens aber 50 g einzusetzen.

Quelle [D; F]	Richtwert	Warnwert
ⓟ *Salmonella* spp.		n.n. / 25 g
ⓟ *Listeria monocytogenes*	$1{,}0 \times 10^{2}$	
Keimzahl, aerob mesophil	$1{,}0 \times 10^{7}$	
Bacillus cereus, präsumtiv	$1{,}0 \times 10^{3}$	$1{,}0 \times 10^{4}$
Enterobacteriaceae	$1{,}0 \times 10^{4}$	$1{,}0 \times 10^{5}$
Staphylokokken, Koagulase positiv	$1{,}0 \times 10^{2}$	$1{,}0 \times 10^{3}$

Angaben in KBE/g bzw. mL

Lebensmittelmikrobiologie – Richt- und Warnwerte

Sprossen

Mikrobiologische Gefährdung

Salmonella spp. Hygieneindikatorkeime:
EHEC *Listeria monocytogenes*
Bacillus cereus *E. coli*

Verderb: bei Einhaltung der Lagertemperatur < 5°C bis zum MHD unbedeutend

Gekeimte Samen aus Alfalfa, Bohnen, Rettich, Soja usw. werden in der Regel roh verzehrt und können aufgrund des Vorhandenseins von pathogenen Keimen lebensmittelbedingte Erkrankungen hervorrufen. *Enterobacteriaceae* und aerobe mesophile Keimzahlen von > $1{,}0 \times 10^7$ KBE/g Sprossen sind durchaus üblich und zeigen die normale Keimflora an.
Die beste Maßnahme gegen ein erhöhtes Erkrankungsrisiko durch den Rohverzehr von Salaten, Sprossen, Gemüsen und Obst stellt nach derzeitigem Stand der Erkenntnis nach wie vor das gründliche Waschen mit Trinkwasser dar.

Sprossen

Sprossen, die zur Abgabe an den Verbraucher bestimmt sind

Quelle [D]	Richtwert	Warnwert
🅿 *Salmonella* spp.		n.n. / 25 g
🅿 *Listeria monocytogenes*		$1{,}0 \times 10^2$
Bacillus cereus, präsumtiv	$1{,}0 \times 10^2$	$1{,}0 \times 10^3$
Escherichia coli	$1{,}0 \times 10^2$	$1{,}0 \times 10^3$
Staphylokokken, Koagulase positiv	$1{,}0 \times 10^2$	$1{,}0 \times 10^3$
STEC (VTEC)		n.n. / 25 g

Keimlinge, verzehrfertig

Quelle [E]	n	c	m	M
Lebensmittelsicherheitskriterium				
🅿 *Salmonella* spp. [1]	5	0	n.n. / 25 g	

[1] Voruntersuchung der Partie Samen, bevor mit dem Keimverfahren begonnen wird, oder Probenahme auf der Stufe, auf der die Wahrscheinlichkeit, Salmonellen festzustellen, voraussichtlich am größten ist

Angaben in KBE/g bzw. mL

Lebensmittelmikrobiologie – Richt- und Warnwerte

Mischsalate

Die beste Maßnahme gegen ein erhöhtes Erkrankungsrisiko durch den Rohverzehr von Salaten, Sprossen, Gemüsen und Obst stellt nach derzeitigem Stand der Erkenntnis nach wie vor das gründliche Waschen mit Trinkwasser dar.

abgepackte Ware bei Abgabe an den Verbraucher   WC: 25-05-02

Als Mischsalate werden Zubereitungen bezeichnet, die roh, frisch und fertig zubereitet (geschnitten, geputzt, gewaschen etc.), aber ohne würzende bzw. bindende Sauce angeboten werden (auch bezeichnet als Schnittsalate, Rohkostsalate, Fertigsalate, Frischkostsalate etc.). Sprossen sind ausgenommen.

Bei Mischsalaten soll das Mindesthaltbarkeitsdatum nicht mehr als sechs Tage betragen, die Werte müssen bis zum Erreichen des MHD eingehalten werden. Wenn die Ware den Herstellerbetrieb verlassen hat, soll sie unter Kühlung bis maximal 6°C gehalten werden (Hinweis auf der Packung).

Quelle [D]	Richtwert	Warnwert
Ⓟ *Salmonella* spp.		n.n. / 25 g
Ⓟ *Listeria monocytogenes* [1]		$1{,}0 \times 10^2$
Keimzahl, aerob mesophil [1]	$5{,}0 \times 10^7$	
Escherichia coli [2]	$1{,}0 \times 10^2$	$1{,}0 \times 10^3$
Hefen	$1{,}0 \times 10^5$	
Schimmelpilze	$1{,}0 \times 10^3$	$1{,}0 \times 10^4$

[1] Bebrütung bei 25°C für 72 h
[2] beim Nachweis von *E. coli* ist der Kontaminationsquelle nachzugehen

Angaben in KBE/g bzw. mL

Feinkostsalate

Feinkostsalate, Mayonnaisen, -erzeugnisse, emulgierte Soßen WC: 20-00-00

Die aufgeführten Werte beziehen sich auf Untersuchungen auf Handelsebene. Die Werte müssen bis zum Erreichen des MHDs eingehalten werden. Als Probe für die Untersuchung sind mindestens 25 g einzusetzen.

Quelle [D]	Richtwert	Warnwert
Ⓟ *Salmonella* spp.		n.n. / 25 g
Ⓟ *Listeria monocytogenes*		$1{,}0 \times 10^2$
Keimzahl, aerob mesophil [1]	$1{,}0 \times 10^6$	
Enterobacteriaceae	$1{,}0 \times 10^3$	$1{,}0 \times 10^4$
Escherichia coli [2]	$1{,}0 \times 10^2$	$1{,}0 \times 10^3$
Hefen [3]	$1{,}0 \times 10^5$	
Milchsäurebakterien [1]	$1{,}0 \times 10^6$	
Staphylokokken, Koagulase positiv	$1{,}0 \times 10^2$	$1{,}0 \times 10^3$

1 werden lebende Mikroorganismen als Starterkulturen zugesetzt oder Zutaten wie Käse, die lebende Organismen enthalten, muss dies bei der Beurteilung berücksichtigt werden
2 beim Nachweis von *E. coli* ist der Kontaminationsquelle nachzugehen
3 der Richtwert bezieht sich auf eine Bebrütungstemperatur von 25°C

Gewürze

Gewürze WC: 53-00-00

Gewürze, die zur Abgabe an den Verbraucher (§3 Nr. 4 LFGB) bestimmt sind oder in der untersuchten Form dem Lebensmittel zugesetzt und keinem Keim reduzierenden Verfahren unterworfen werden.

Quelle [D]	Richtwert	Warnwert
Ⓟ *Salmonella* spp.		n.n. / 25 g
Bacillus cereus, präsumtiv	$1{,}0 \times 10^3$	$1{,}0 \times 10^4$
Clostridien, Sulfit reduzierend	$1{,}0 \times 10^3$	$1{,}0 \times 10^4$
Escherichia coli	$1{,}0 \times 10^3$	$1{,}0 \times 10^4$
Schimmelpilze	$1{,}0 \times 10^5$	

Angaben in KBE/g bzw. mL

Eier

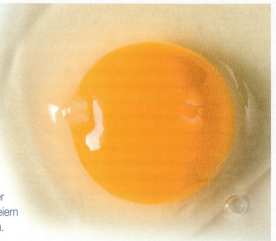

Wie hoch ist für den Verbraucher das Risiko durch Eier mit Salmonellen in Kontakt zu kommen?

Jeder Deutsche isst im Durchschnitt 214 Eier pro Jahr, also ungefähr vier Eier pro Woche. Laut des Zoonoseberichts 2009 des Bundesinstituts für Risikoforschung waren 2008 0,25 % und 2007 0,72 % der Eier im Handel mit Salmonellen belastet.

Ein 4-Personen-Haushalt konsumiert demnach 856 Eier pro Jahr. Bei einer Kontaminationsrate von 0,25 % könnten zwei Eier (2,14), bei einer Rate von 0,72 % sechs Eier mit Salmonellen kontaminiert sein.

Das Ansteckungsrisiko ist also unzweifelhaft vorhanden, es ist aber auch abhängig von der Verarbeitung, dem Verwendungszweck der Eier und der Jahreszeit. Die eigene Herstellung von Mayonnaise mit Frischeiern ist im Sommer sicherlich risikoreicher als die Herstellung von Rühreiern.

Sollten Hygieneregeln jedoch nicht beachtet werden, können Salmonellen auf andere Lebensmittel gelangen, sich vermehren und je nach Umständen viele Menschen infizieren. Das Risiko an zwei bis sechs Salmonelleninfektionen pro Jahr zu erkranken ist sicherlich für jeden im Haushalt lebenden Menschen zu viel und kann durch eine gute Küchenhygiene reduziert werden.

17 Milliarden Eier werden pro Jahr in Deutschland konsumiert, das sind 46 Millionen Eier pro Tag, einschließlich der in der Lebensmittelindustrie verarbeiteten Eier.

Pro Tag gelangen demnach ungefähr 116.000 mit Salmonellen kontaminierte Eier in den Handel, allerdings nicht immer in Form von Tafeleiern, sondern auch in erhitzten Produkten wie beispielsweise pasteurisiertes Flüssigei.

Lebensmittelmikrobiologie – Richt- und Warnwerte

Eiprodukte

Quelle [E]

	n	c	m	M
Lebensmittelsicherheitskriterium				
ⓟ *Salmonella* spp. [1]	5	0	n.n. / 25 g	
Prozesshygienekriterium				
Enterobacteriaceae [2]	5	2	$1{,}0 \times 10^1$	$1{,}0 \times 10^2$

[1] Ausgenommen sind Erzeugnisse, bei denen das Samonellenrisiko durch Herstellungsverfahren oder Zusammensetzung des Erzeugnisses ausgeschlossen ist.

[2] Maßnahmen im Fall unbefriedigender Ergebnisse: Kontrolle der Wirksamkeit der Wärmebehandlung und Verhinderung einer erneuten Kontamination.

verzehrfertige Lebensmittel, die rohes Ei enthalten

Das Kriterium gilt für in Verkehr gebrachte Erzeugnisse während der Haltbarkeitsdauer. Ausgenommen sind Erzeugnisse, bei denen das Samonellenrisiko durch Herstellungsverfahren oder Zusammensetzung des Erzeugnisses ausgeschlossen ist.

Quelle [E]

	n	c	m	M
Lebensmittelsicherheitskriterium				
ⓟ *Salmonella* spp.	5	0	n.n. / 25 g	

aus Hühnereiern, von anderen Geflügelarten und sonstigen Vögeln

WC: 05-02-00; 05-04-15

Quelle [F]

	n	c	m	M
ⓟ *Salmonella* spp.	10	0	0	
Keimzahl, aerob mesophil	5	2	$1{,}0 \times 10^4$	$1{,}0 \times 10^5$
Enterobacteriaceae	5	2	$1{,}0 \times 10^1$	$1{,}0 \times 10^2$
Staphylokokken, Koagulase positiv	5	0	0	

Angaben in KBE/g bzw. mL

Süßes

Saccharose	126
Kristall- und Flüssigzucker	126
Honig	127
Fruchtpulpen	127
Getrocknete Früchte	128
Instantprodukte	128
Schokoladen, Kakao, Konfekt	129
Kakaopulver	129
Marzipan	129

Saccharose

Raffinade, Weißzucker, Halbweißzucker WC: 39-01-00

Quelle [F]	Richtwert
Keimzahl, aerob mesophil	$1,0 \times 10^2$
Hefen	$1,0 \times 10^1$
Osmotolerante Mikroorganismen	$1,0 \times 10^1$
Schimmelpilze	$1,0 \times 10^1$

Kristall- und Flüssigzucker

Mikrobiologische Gefährdung
bedeutungslos

Verderb: xerophile Hefen bei $a_w > 0,65$

Angaben in KBE/g bzw. mL

Lebensmittelmikrobiologie – Richt- und Warnwerte

Flüssigzucker aus Saccharose, Invertzucker, Glukose, Isoglukose WC: 39-01-04

Quelle [F]	Richtwert
Keimzahl, aerob mesophil	$1{,}0 \times 10^1$
Hefen	n.n. / 10^1
Osmotolerante Hefen	n.n. / 1 g

Honig

Mikrobiologische Gefährdung

Gefährdungspotential ist als gering einzustufen.
Säuglingsbotulismus beachten.
Clostridium botulinum

Hygieneindikator:

E. coli

Verderb: xerophile Hefen bei $a_w > 0{,}65$

Im Rahmen des Stichprobenplans ist die Untersuchung auf Sporen von Sulfit reduzierenden Sporenbildnern empfehlenswert.

Fruchtpulpen

Fruchtpulpen WC: 30-43-00

Bei Aufbewahrung pasteurisierter Produkte bei Temperaturen über 25 °C wird die Untersuchung auf säureresistente aerobe Sporenbildner (Genus Alicyclobacillus) empfohlen.

Quelle [D]	Richtwert	Warnwert
ⓟ *Salmonella* spp. [1]		n.n. / 125 g
Keimzahl, aerob mesophil	$1{,}0 \times 10^3$	
Enterobacteriaceae	$1{,}0 \times 10^2$	$1{,}0 \times 10^3$
Escherichia coli [2]	$1{,}0 \times 10^1$	$1{,}0 \times 10^2$
Schimmelpilze [3]	$1{,}0 \times 10^3$	

[1] 5 x 25 g; bei Produkten mit einem pH-Wert kleiner pH 4 kann die Untersuchung auf *Salmonella* spp. entfallen
[2] beim Nachweis von *E. coli* ist der Kontaminationsquelle nachzugehen
[3] nur Myzel bildende Pilze (keine Hefen)

Angaben in KBE/g bzw. mL

Lebensmittelmikrobiologie – Richt- und Warnwerte

Getrocknete Früchte

Bei der mikrobiologischen Beurteilung von getrockneten Früchten ist zu beachten, dass diese Produkte in Abhängigkeit von den Einflüssen bei der Ernte, der Trocknung, der Lagerung und des Transportes in unterschiedlichem Maße mit Mykotoxinen belastet sein können. Unter den Mykotoxinen, die auf Trockenfrüchten gebildet werden können, haben die Aflatoxine und das Ochratoxin A (OTA) die größte toxikologische Bedeutung. Hinsichtlich der Probennahme und der Beurteilung analytischer Befunde sei auf die geltende Mykotoxin-Höchstmengenverordnung hingewiesen.

Früchte, getrocknet (auch Rosinen, Obstpulver, Nüsse, Kokosflocken) — WC: 30-00-00

Nüsse im Sinne der Leitsätze des Deutschen Lebensmittelbuches

Quelle [D]	Richtwert	Warnwert
P *Salmonella* spp. [1]		n.n. / 125 g
Keimzahl, aerob mesophil [2]	$1{,}0 \times 10^4$	
Enterobacteriaceae	$1{,}0 \times 10^2$	$1{,}0 \times 10^3$
Escherichia coli [3]	$1{,}0 \times 10^1$	$1{,}0 \times 10^2$
Schimmelpilze [4]	$1{,}0 \times 10^4$	

[1] 5 x 25 g (für rohe/ungeröstete Nüsse nicht erforderlich; für gemahlene Nüsse und Kokosflocken 10 x 25 g gem. ICSMF 1986)
[2] ausgenommen Rosinen/Sultaninen sowie Nüsse und Kokosflocken
[3] beim Nachweis von *E. coli* ist der Kontaminationsquelle nachzugehen
[4] nur Myzel bildende Pilze (keine Hefen!)

Instantprodukte

Instantprodukte — WC: 21-00-00

Kalt angerührt: Mousse, Pudding, Dessert, Creme, Wackelpudding
Kurz aufgekocht: Reisbrei, Grießbrei, Kochpudding, getrocknetes Kartoffelpüree

Quelle [D]	Richtwert	Warnwert
P *Salmonella* spp.		n.n. / 25 g
Keimzahl, aerob mesophil	$1{,}0 \times 10^5$	
Bacillus cereus, präsumtiv	$1{,}0 \times 10^3$	$1{,}0 \times 10^4$
Clostridien, Sulfit reduzierend, Sporen	$1{,}0 \times 10^3$	$1{,}0 \times 10^4$
Escherichia coli	$1{,}0 \times 10^1$	$1{,}0 \times 10^2$
Schimmelpilze	$1{,}0 \times 10^4$	
Staphylokokken, Koagulase positiv	$1{,}0 \times 10^2$	$1{,}0 \times 10^3$

Angaben in KBE/g bzw. mL

Lebensmittelmikrobiologie – Richt- und Warnwerte

Schokoladen, Kakao, Konfekt

Mikrobiologische Gefährdung

Salmonella spp.

Verderb: bei Konfekt und gefülltem Konfekt, osmophile Hefen und xerophile Schimmelpilze

Hygieneindikator:
E. coli

Gefährdungspotential ist als gering einzustufen

Schokolade, hell und dunkel WC: 44-00-00

Quelle [D]	Richtwert	Warnwert
P *Salmonella* spp.		n.n. / 250 g
Keimzahl, aerob mesophil	$5{,}0 \times 10^4$	
Enterobacteriaceae	$1{,}0 \times 10^2$	$1{,}0 \times 10^3$
Escherichia coli	$1{,}0 \times 10^1$	

Kakaopulver

Kakaopulver WC: 45-00-00

Quelle [D]	Richtwert	Warnwert
P *Salmonella* spp.		n.n. / 250 g
Keimzahl, aerob mesophil	$1{,}0 \times 10^4$	
Enterobacteriaceae	$1{,}0 \times 10^2$	$1{,}0 \times 10^3$
Escherichia coli	$< 1{,}0 \times 10^1$	

Marzipan

Persipan und deren Rohmassen WC: 43-16-00

Quelle [F]	Richtwert
Keimzahl, aerob mesophil	$1{,}0 \times 10^4$
Hefen	$1{,}0 \times 10^3$
Osmotoleante Mikroorganismen	$1{,}0 \times 10^1$
Schimmelpilze	$1{,}0 \times 10^2$

Angaben in KBE/g bzw. mL

Gesetzestexte

Verordnung (EG) Nr. 2073/2005   **145**
Schweizer Hygieneverordnung (Auszug)   **175**

Verordnung (EG) Nr. 2073/2005
vom 15. November 2005
über mikrobiologische Kriterien für Lebensmittel

geändert durch:
Verordnung (EG) Nr. 1441/2007 der Kommission vom 5. Dezember 2007
Verordnung (EU) Nr. 365/2010 der Kommission vom 28. April 2010
berichtet durch ABl Nr. L 278 vom 10.10.2006, Seite 32

VO EG 2073/2005	**145**
ANHANG I – Mikrobiologische Kriterien für Lebensmittel	**159**
Kapitel 1. Lebensmittelsicherheitskriterien	159
Kapitel 2. Prozesshygienekriterien	164
2.1. Fleisch und Fleischerzeugnisse	164
2.2. Milch und Milcherzeugnisse	166
2.3. Eierzeugnisse	169
2.4. Fischereierzeugnisse	170
2.5. Gemüse, Obst und daraus hergestellte Erzeugnisse	171
Kapitel 3. Bestimmungen über die Entnahme und Aufbereitung von Untersuchungsproben	172
ANHANG II	**174**

Verordnung (EG) Nr. 2073/2005

DIE KOMMISSION DER EUROPÄISCHEN GEMEINSCHAFTEN –

gestützt auf den Vertrag zur Gründung der Europäischen Gemeinschaft, gestützt auf die Verordnung (EG) Nr. 852/2004 des Europäischen Parlaments und des Rates vom 29. April 2004 über Lebensmittelhygiene[1], insbesondere auf Art. 4 Absatz 4 und Art. 12,

in Erwägung nachstehender Gründe:

(1) Zu den grundlegenden Zielen des Lebensmittelrechts zählt ein hohes Schutzniveau der Gesundheit der Bevölkerung, wie in der Verordnung (EG) Nr. 178/2002 des Europäischen Parlaments und des Rates vom 28. Januar 2002 zur Festlegung allgemeiner Grundsätze und Erfordernisse des Lebensmittelrechts, zur Errichtung der Europäischen Behörde für Lebensmittelsicherheit und zur Festlegung von Verfahren zur Lebensmittelsicherheit[2] festgelegt. Mikrobiologische Gefahren in Lebensmitteln stellen eine Hauptquelle lebensmittelbedingter Krankheiten beim Menschen dar.

(2) Lebensmittel sollten keine Mikroorganismen oder deren Toxine oder Metaboliten in Mengen enthalten, die ein für die menschliche Gesundheit unannehmbares Risiko darstellen.

(3) Die Verordnung (EG) Nr. 178/2002 legt allgemeine Anforderungen an die Lebensmittelsicherheit fest, nach denen Lebensmittel, die nicht sicher sind, nicht in Verkehr gebracht werden dürfen. Lebensmittelunternehmer müssen Lebensmittel, die nicht sicher sind, vom Markt nehmen. Als Beitrag zum Schutz der öffentlichen Gesundheit und zur Verhinderung unterschiedlicher Auslegungen sollten harmonisierte Sicherheitskriterien für die Akzeptabilität von Lebensmitteln festgelegt werden, insbesondere, was das Vorhandensein bestimmter pathogener Mikroorganismen anbelangt.

(4) Mikrobiologische Kriterien dienen auch als Anhaltspunkt dafür, ob Lebensmittel und deren Herstellungs-, Handhabungs- und Vertriebsverfahren akzeptabel sind oder nicht. Die mikrobiologischen Kriterien sollten im Rahmen der Durchführung von Verfahren auf der Grundlage des HACCP-Systems und anderer Hygienekontrollmaßnahmen angewandt werden.

(5) Die Sicherheit von Lebensmitteln wird vor allem durch einen präventiven Ansatz gewährleistet, wie z. B. durch die Umsetzung einer guten Hygienepraxis sowie die Anwendung der Grundsätze des HACCP-Konzepts (Hazard Analysis and Critical Control Point). Mikrobiologische Kriterien können zur Validierung und Überprüfung von HACCP-Verfahren und anderen Hygienekontrollmaßnahmen eingesetzt werden. Daher sollten mikrobiologische Kriterien festgelegt werden, mit deren Hilfe die Akzeptabilität der Verfahren bzw. der Prozesshygiene bestimmt wird, und zudem mikrobiologische Kriterien für die Lebensmittelsicherheit, bei denen mit Überschreitung des Grenzwertes ein Lebensmittel in Bezug auf den jeweiligen Mikroorganismus als inakzeptabel kontaminiert gelten sollte.

Verordnung (EG) Nr. 2073/2005

(6) Gemäß Artikel 4 der Verordnung (EG) Nr. 852/2004 müssen Lebensmittelunternehmer mikrobiologische Kriterien einhalten. Dazu sollte im Einklang mit dem Lebensmittelrecht und den Anweisungen der zuständigen Behörde die Untersuchung anhand der für die Kriterien festgelegten Grenzwerte durch Probenahme, Untersuchung und Durchführung von Korrekturmaßnahmen zählen. Daher sollten Durchführungsbestimmungen hinsichtlich der Untersuchungsmethoden - einschließlich erforderlichenfalls der Messungenauigkeit -, des Probenahmeplans, der mikrobiologischen Grenzwerte und der Probenzahl festgelegt werden, die diese Grenzwerte einhalten sollten. Darüber hinaus sollten Durchführungsbestimmungen festgelegt werden, die das jeweils für das Lebensmittel geltende Kriterium, die relevante Stufe der Lebensmittelkette sowie die zu treffenden Maßnahmen im Falle der Nichteinhaltung des Kriteriums berücksichtigen. Die Maßnahmen, die zur Einhaltung der Prozesshygienekriterien von den Lebensmittelunternehmern zu ergreifen sind, können u. a. Kontrollen der Rohstoffe, Hygiene, Temperatur und Haltbarkeitsdauer des Erzeugnisses umfassen.

(7) Die Verordnung (EG) Nr. 882/2004 des Europäischen Parlaments und des Rates vom 29. April 2004 über amtliche Kontrollen zur Überprüfung der Einhaltung des Lebensmittel- und Futtermittelrechts sowie der Bestimmungen über Tiergesundheit und Tierschutz[3] schreibt den Mitgliedstaaten vor, dafür Sorge zu tragen, dass amtliche Kontrollen regelmäßig, risikobasiert und ausreichend oft durchgeführt werden. Diese Kontrollen sollten auf geeigneten Stufen der Herstellung, Verarbeitung und des Vertriebs von Lebensmitteln vorgenommen werden, damit sichergestellt ist, dass die in der vorliegenden Verordnung festgelegten Kriterien von den Lebensmittelunternehmern eingehalten werden.

(8) In der Mitteilung der Kommission über die Gemeinschaftsstrategie zur Festlegung mikrobiologischer Kriterien für Lebensmittel[4] wird erläutert, wie bei der Festlegung und Überprüfung der Kriterien im Gemeinschaftsrecht vorgegangen wird, und es werden die Grundsätze für die Ausarbeitung und Anwendung der Kriterien beschrieben. Diese Strategie sollte bei der Festlegung mikrobiologischer Kriterien angewandt werden.

(9) Der Wissenschaftliche Ausschuss „Veterinärmaßnahmen im Zusammenhang mit der öffentlichen Gesundheit" (SCVPH) gab am 23. September 1999 eine Stellungnahme zur Evaluierung mikrobiologischer Kriterien für zum menschlichen Verzehr bestimmte Lebensmittel tierischen Ursprungs ab. Darin weist der Ausschuss ausdrücklich darauf hin, dass mikrobiologische Kriterien auf eine formale Risikobewertung und international anerkannte Grundsätze zu stützen sind. In der Stellungnahme wird empfohlen, dass mikrobiologische Kriterien hinsichtlich des Gesundheitsschutzes der Verbraucher sachdienlich und wirkungsvoll sein sollten. Der Ausschuss schlägt bis zum Vorliegen formaler Risikobewertungen bestimmte überprüfte Kriterien als vorläufige Maßnahmen vor.

1) ABl. L 139 vom 30.4.2004, S. 1. Berichtigung im ABl. L 226 vom 25.6.2004, S. 3.
2) ABl. L 31 vom 1.2.2002, S. 1. Verordnung geändert durch die Verordnung (EG) Nr. 1642/2003 (ABl. L 245 vom 29.9.2003, S. 4.
3) ABl. L 165 vom 30.4.2004, S. 1; berichtigte Fassung in ABl. L 191 vom 28.5.2004, S. 1.
4) SANCO/1252/2001 — Diskussionspapier über die Strategie zur Festlegung mikrobiol. Kriterien für Lebensmittel in den EU-Rechtsvorschriften, S. 34.

Verordnung (EG) Nr. 2073/2005

(10) Der Ausschuss gab zur gleichen Zeit eine Stellungnahme zu Listeria monocytogenes ab. Darin wird empfohlen, als Ziel die Konzentration von *Listeria monocytogenes* in Lebensmitteln unter 100 KBE/g zu halten. Der Wissenschaftliche Ausschuss „Lebensmittel" (SCF) stimmte diesen Empfehlungen in seiner Stellungnahme vom 22. Juni 2000 zu.

(11) Der SCVPH gab am 19. und 20. September 2001 eine Stellungnahme zu *Vibrio vulnificus* und *Vibrio parahaemolyticus* ab. Der Ausschuss kommt darin zu dem Schluss, dass die derzeit vorliegenden wissenschaftlichen Daten die Festlegung spezieller Kriterien für pathogene *V. vulnificus* und *parahaemolyticus* in Fischereierzeugnissen und Meeresfrüchten nicht unterstützen. Er empfiehlt jedoch, Leitlinien zu erarbeiten, damit gewährleistet ist, dass eine gute Hygienepraxis angewandt wurde.

(12) Der SCVPH gab am 30. und 31. Januar 2002 eine Stellungnahme zu Norwalkähnlichen Viren (Norwalklike-Viren, NLV, Noroviren) ab. Darin kommt der Ausschuss zu dem Schluss, dass die herkömmlichen Indikatoren für fäkale Verunreinigung unzuverlässig sind, wenn es darum geht nachzuweisen, ob NLV vorhanden sind oder nicht und dass zur Festlegung der Reinigungszeiten von Muscheln der Indikator für die Beseitigung der Fäkalbakterien unzuverlässig ist. Der Ausschuss empfiehlt außerdem, zum Nachweis der Fäkalkontamination in Muschelerzeugungsgebieten bei der Anwendung von Bakterienindikatoren auf *E. coli* und nicht auf Fäkalkoliforme zurückzugreifen.

(13) Der SCF gab am 27. Februar 2002 eine Stellungnahme zu Spezifikationen für Gelatine hinsichtlich der Verbrauchergesundheit ab. Darin kommt er zu dem Schluss, dass die mikrobiologischen Kriterien, die in Anhang II Kapitel 4 der Richtlinie 92/118/EWG des Rates vom 17. Dezember 1992 über die tierseuchenrechtlichen und gesundheitlichen Bedingungen für den Handel mit Erzeugnissen tierischen Ursprungs in der Gemeinschaft sowie für ihre Einfuhr in die Gemeinschaft, soweit sie diesbezüglich nicht den Gemeinschaftsregelungen nach Anhang A Kapitel I der Richtlinie 89/662/EWG[1)] und –in Bezug auf Krankheitserreger – der Richtlinie 90/425/EWG6 unterliegen, festgelegt wurden, hinsichtlich der Verbrauchergesundheit unangemessen waren, und hält es für ausreichend, ein obligatorisches mikrobiologisches Kriterium nur für Salmonellen anzuwenden.

(14) Der SCVPH gab am 21. und 22. Januar 2003 eine Stellungnahme zu Verotoxin bildenden *E. coli* (VTEC) ab. Darin kommt der Ausschuss zu dem Schluss, dass die Anwendung eines mikrobiologischen Standards für VTEC O157 auf das Endprodukt wahrscheinlich nicht zu einer bedeutenden Verringerung des damit verbundenen Risikos für die Verbraucher führt. Jedoch könnten mikrobiologische Leitlinien zur Verringerung der Fäkalkontamination auf allen Stufen der Lebensmittelkette zu einer Verringerung des Risikos für die öffentliche Gesundheit, einschließlich des VTEC-Risikos, beitragen. Der Ausschuss führt folgende Lebensmittelkategorien an, in denen VTEC eine Gefahr für die öffentliche Gesundheit darstellt: rohes oder nicht durcherhitztes Rindfleisch und möglicherweise auch Fleisch anderer Wiederkäuer, Hackfleisch/Faschiertes und gereiftes Rindfleisch sowie daraus hergestellte Erzeugnisse, Rohmilch und Rohmilcherzeugnisse, Frischerzeugnisse bzw. Rohkost, insbesondere Keimlinge und nicht pasteurisierte Obst- und Gemüsesäfte.

Verordnung (EG) Nr. 2073/2005

(15) Am 26. und 27. März 2003 nahm der SCVPH eine Stellungnahme zu Staphylokokken-Enterotoxinen in Milcherzeugnissen, insbesondere in Käse, an. Darin empfiehlt der Ausschuss, die Kriterien für koagulasepositive Staphylokokken in Käse, in zur Verarbeitung bestimmter Rohmilch und in Milchpulver zu überarbeiten. Außerdem sollten Kriterien für Staphylokokken-Enterotoxine in Käse und Milchpulver festgelegt werden.

(16) Am 14. und 15. April 2003 nahm der SCVPH eine Stellungnahme zu Salmonellen in Lebensmitteln an. Danach zählen zu den Lebensmittelkategorien, die möglicherweise ein großes Risiko für die öffentliche Gesundheit bergen, rohes Fleisch und einige Erzeugnisse, die roh verzehrt werden, rohe und nicht durcherhitzte Geflügelfleischerzeugnisse, Eier und roheihaltige Erzeugnisse, nicht pasteurisierte Milch und einige daraus hergestellte Erzeugnisse. Keimlinge und nicht pasteurisierte Fruchtsäfte seien ebenfalls bedenklich. Der Ausschuss empfiehlt, die Entscheidung über die Notwendigkeit mikrobiologischer Kriterien danach zu treffen, ob sie die Verbraucher schützen könnten und praktikabel seien.

(17) Das Wissenschaftliche Gremium für biologische Gefahren (BIOHAZ) der Europäischen Behörde für Lebensmittelsicherheit (EFSA) veröffentlichte am 9. September 2004 ein Gutachten über die mikrobiologischen Risiken in Säuglingsanfangsnahrung und Folgenahrung. Darin kommt das Gremium zu dem Schluss, dass *Salmonella* und *Enterobacter sakazakii* diejenigen Mikroorganismen in Säuglingsanfangsnahrung, Folgenahrung und Nahrung für besondere medizinische Zwecke sind, die am meisten Anlass zur Sorge geben. Das Vorhandensein dieser Krankheitserreger stellt ein erhebliches Risiko dar, wenn die Bedingungen nach der Aufbereitung der Nahrung eine Vermehrung ermöglichen. *Enterobacteriaceae*, die häufiger vorhanden sind, könnten als Risikoindikator herangezogen werden. Die EFSA empfiehlt sowohl für die Herstellungsumgebung als auch für das Endprodukt die Überwachung und Untersuchung auf *Enterobacteriaceae*. Neben krankheitserregenden Arten umfasst die Familie der *Enterobacteriaceae* jedoch auch Kommensalen, die häufig im Umfeld der Lebensmittelherstellung auftreten, ohne jedoch eine Gefahr für die Gesundheit darzustellen. Daher kann die Familie der *Enterobacteriaceae* zur Routineüberwachung herangezogen werden, und sofern *Enterobacteriaceae* nachgewiesen werden, kann mit der Untersuchung auf spezifische Krankheitserreger begonnen werden.

(18) Auf internationaler Ebene wurden für viele Lebensmittel noch keine Leitlinien für mikrobiologische Kriterien ausgearbeitet. Die Kommission hat jedoch die „Grundsätze für die Festlegung und Anwendung von mikrobiologischen Kriterien für Lebensmittel CAC/GL 21 –1997" des Codex Alimentarius befolgt sowie zusätzlich die Hinweise des SCVPH und des SCF für die Festlegung mikrobiologischer Kriterien berücksichtigt. Außerdem wurden Codex-Spezifikationen für Trockenmilcherzeugnisse, Lebensmittel für Säuglinge und Kleinkinder sowie das Histaminkriterium für bestimmte Fische und Fischereierzeugnisse berücksichtigt. Die Annahme von Gemeinschaftskriterien sollte dem Handel dadurch nützen, dass harmonisierte mikrobiologische Anforderungen für Lebensmittel zur Verfügung gestellt werden, die nationale Kriterien ersetzen.

---

1) ABl. L 62 vom 15.3.1993, S. 49. Verordnung zuletzt geändert durch die Verordnung (EG) Nr. 445/2004 der Kommission(ABl. L 72 vom 11.3.2004, S. 60.

Verordnung (EG) Nr. 2073/2005

(19) Die mikrobiologischen Kriterien, die für bestimmte Kategorien von Lebensmitteln tierischen Ursprungs in Richtlinien festgelegt wurden, die durch die Richtlinie 2004/41/EG des Europäischen Parlaments und des Rates vom 21. April 2004 zur Aufhebung bestimmter Richtlinien über Lebensmittelhygiene und Hygienevorschriften für die Herstellung und das Inverkehrbringen von bestimmten, zum menschlichen Verzehr bestimmten Erzeugnissen tierischen Ursprungs sowie zur Änderung der Richtlinien 89/662/EWG und 92/118/EWG des Rates und der Entscheidung 95/408/EG des Rates[1] aufgehoben wurden, sollten überarbeitet werden, und auf der Grundlage wissenschaftlicher Erkenntnisse sollten bestimmte neue Kriterien festgelegt werden.

(20) Die in der Entscheidung 93/51/EWG der Kommission vom 15. Dezember 1992 über mikrobiologische Normen für gekochte Krebs- und Weichtiere[2] festgelegten mikrobiologischen Kriterien sind in dieser Verordnung enthalten. Daher ist es angezeigt, die genannte Entscheidung aufzuheben. Da die Entscheidung 2001/471/EG der Kommission vom 8. Juni 2001 über Vorschriften zur regelmäßigen Überwachung der allgemeinen Hygienebedingungen durch betriebseigene Kontrollen gemäß Richtlinie 64/433/EWG über die gesundheitlichen Bedingungen für die Gewinnung und das Inverkehrbringen von frischem Fleisch und Richtlinie 71/118/EWG zur Regelung gesundheitlicher Fragen beim Handelsverkehr mit frischem Geflügelfleisch[3] mit Wirkung ab 1. Januar 2006 aufgehoben wird, sollten die für Schlachtköner festgelegten Kriterien in die vorliegende Verordnung aufgenommen werden.

(21) Der Erzeuger oder Hersteller eines Lebensmittels muss entscheiden, ob das Erzeugnis als solches verzehrfertig ist, ohne gekocht oder anderweitig verarbeitet zu werden, damit sichergestellt ist, dass es unbedenklich ist und die mikrobiologischen Kriterien einhält. Gemäß Artikel 3 der Richtlinie 2000/13/EG des Europäischen Parlaments und des Rates vom 20. März 2000 zur Angleichung der Rechtsvorschriften der Mitgliedstaaten über die Etikettierung und Aufmachung von Lebensmitteln sowie die Werbung hierfür[4] enthält die Etikettierung eines Lebensmittels zwingend eine Gebrauchsanleitung, falls es ohne sie nicht möglich wäre, das Lebensmittel bestimmungsgemäß zu verwenden. Derartige Gebrauchsanleitungen sollten von den Lebensmittelunternehmern berücksichtigt werden, wenn sie über angemessene Probenahmehäufigkeiten zur Untersuchung anhand der mikrobiologischen Kriterien entscheiden.

(22) Die Beprobung der Herstellungs- und Verarbeitungsumgebung kann ein nützliches Mittel zur Feststellung und Verhinderung des Vorhandenseins pathogener Mikroorganismen in Lebensmitteln sein.

(23) Die Lebensmittelunternehmer sollten im Rahmen ihrer auf den HACCP-Grundsätzen beruhenden Verfahren und anderer Hygienekontrollverfahren selbst über die erforderliche Probenahme- und Untersuchungshäufigkeit entscheiden. In bestimmten Fällen kann es jedoch notwendig sein, auf Gemeinschaftsebene harmonisierte Probenahmehäufigkeiten festzulegen, insbesondere, um zu gewährleisten, dass in der gesamten Gemeinschaft gleich häufig kontrolliert wird.

(24) Die Testergebnisse hängen von der gewählten Untersuchungsmethode ab, daher sollte mit jedem mikrobiologischen Kriterium eine bestimmte Referenzmethode verknüpft werden. Lebensmittelunternehmer sollten jedoch die Möglichkeit haben, andere Untersuchungsmethoden als die Referenzmethoden zu verwenden, insbesondere schnellere Verfahren, solange gewährleistet ist, dass diese alternativen Verfahren gleichwertige Ergebnisse liefern. Außerdem ist für jedes Kriterium ein Probenahmeplan festzulegen, damit eine harmonisierte Durchführung gewährleistet ist. Die Verwendung anderer Probenahme- und Untersuchungsverfahren, einschließlich der Verwendung alternativer Indikatororganismen, ist allerdings unter der Bedingung zulässig, dass diese gleichwertige Garantien für die Lebensmittelsicherheit liefern.

(25) Trends bei den Testergebnissen sollten analysiert werden, da sie unerwünschte Entwicklungen im Herstellungsprozess aufzeigen können und dem Lebensmittelunternehmer dadurch ermöglichen, Korrekturmaßnahmen zu ergreifen, bevor das Verfahren außer Kontrolle geraten ist.

(26) Die in der vorliegenden Verordnung festgelegten mikrobiologischen Kriterien sollten abänderbar bleiben und ggf. überprüft bzw. ergänzt werden, damit die Entwicklungen in den Bereichen der Lebensmittelsicherheit und -mikrobiologie berücksichtigt werden können. Dies umfasst auch den Fortschritt in Wissenschaft, Technologie und Methodik, Veränderungen der Prävalenz und des Kontaminationsgrades, Veränderungen der Population empfänglicher Verbraucher- bzw. Risikogruppen sowie die möglichen Ergebnisse von Risikobewertungen.

(27) Insbesondere sollten Kriterien für krankheitserregende Viren in lebenden Muscheln festgelegt werden, sobald die Untersuchungsmethoden ausreichend entwickelt sind. Auch für andere mikrobiologische Gefahren, z. B. von *Vibrio parahaemolyticus* ausgehende, müssen zuverlässige Methoden entwickelt werden.

(28) Es hat sich erwiesen, dass die Durchführung von Kontrollprogrammen deutlich zur Verringerung der Prävalenz von Salmonellen bei der Erzeugung von Tieren und deren Erzeugnissen beitragen kann. Das Ziel der Verordnung (EG) Nr. 2160/2003 des Europäischen Parlaments und des Rates vom 17. November 2003 zur Bekämpfung von Salmonellen und bestimmten anderen durch Lebensmittel übertragbaren Zoonoseerregern[5] ist es, zu gewährleisten, dass ordnungsgemäße und wirksame Maßnahmen zur Bekämpfung von Salmonellen auf den geeigneten Stufen der Lebensmittelkette ergriffen werden. Bei den Kriterien für Fleisch und Fleischerzeugnisse sollte die voraussichtliche Verbesserung der Salmonellensituation auf der Ebene der Primärproduktion berücksichtigt werden.

1) ABl. L 157 vom 30.4.2004, S. 33. Berichtigung im ABl. L 195 vom 2.6.2004, S. 12.
2) ABl. L 13 vom 21.1.1993, S. 11.
3) ABl. L 165 vom 21.6.2001, S. 48. Entscheidung geändert durch die Entscheidung 2004/379/EG (ABl. L 144 vom 30.4.2004, S. 1).
4) ABl. L 109 vom 6.5.2000, S. 29. Richtlinie zuletzt geändert durch die Richtlinie 2003/89/EG (ABl. L 308 vom 25.11.2003, S. 15).
5) ABl. L 325 vom 12.12.2003, S. 1.

Verordnung (EG) Nr. 2073/2005

(29) Bei bestimmten Lebensmittelsicherheitskriterien ist es angezeigt, den Mitgliedstaaten eine vorübergehende Ausnahmeregelung zu gewähren, damit sie weniger strenge Kriterien einhalten können, vorausgesetzt, dass die Lebensmittel nur auf dem eigenen Staatsgebiet vermarktet werden. Die Mitgliedstaaten sollten der Kommission und den übrigen Mitgliedstaaten mitteilen, wenn sie von dieser vorübergehenden Ausnahmeregelung Gebrauch machen.

(30) Die in dieser Verordnung vorgesehenen Maßnahmen stimmen mit der Stellungnahme des Ständigen Ausschusses für die Lebensmittelkette und Tiergesundheit überein –

HAT FOLGENDE VERORDNUNG ERLASSEN:

Artikel 1
Gegenstand und Anwendungsbereich

Mit der vorliegenden Verordnung werden die mikrobiologischen Kriterien für bestimmte Mikroorganismen sowie die Durchführungsbestimmungen festgelegt, die von den Lebensmittelunternehmern bei der Durchführung allgemeiner und spezifischer Hygienemaßnahmen gemäß Artikel 4 der Verordnung (EG) Nr. 852/2004 einzuhalten sind. Die zuständige Behörde überprüft die Einhaltung der in der vorliegenden Verordnung festgelegten Bestimmungen und Kriterien gemäß der Verordnung (EG) Nr. 882/2004, unbeschadet ihres Rechts, weitere Probenahmen und Untersuchungen im Rahmen von Prozesskontrollen in Fällen, in denen der Verdacht besteht, dass Lebensmittel nicht unbedenklich sind, oder im Zusammenhang mit einer Risikoanalyse durchzuführen, um andere Mikroorganismen, deren Toxine oder Metaboliten nachzuweisen und zu messen. Diese Verordnung gilt unbeschadet anderer spezifischer Bestimmungen des Gemeinschaftsrechts über die Kontrolle von Mikroorganismen, insbesondere der in der Verordnung (EG) Nr. 853/2004 des Europäischen Parlaments und des Rates festgelegten Gesundheitsstandards für Lebensmittel[1], der in der Verordnung (EG) Nr. 854/2004 des Europäischen Parlaments und des Rates festgelegten Bestimmungen über Parasiten[2] und der mikrobiologischen Kriterien gemäß der Richtlinie 80/777/EWG des Rates[3].

Artikel 2
Begriffsbestimmungen

Es gelten folgende Begriffsbestimmungen:

a) „Mikroorganismen": Bakterien, Viren, Hefen, Schimmelpilze, Algen und parasitäre Protozoen, mikroskopisch sichtbare parasitäre Helminthen sowie deren Toxine und Metaboliten;

b) „Mikrobiologisches Kriterium": ein Kriterium, das die Akzeptabilität eines Erzeugnisses, einer Partie Lebensmittel oder eines Prozesses anhand des Nichtvorhandenseins, des Vorhandenseins oder der Anzahl von Mikroorganismen und/oder anhand der

Verordnung (EG) Nr. 2073/2005

Menge ihrer Toxine/Metaboliten je Einheit Masse, Volumen, Fläche oder Partie festlegt;

c) „Lebensmittelsicherheitskriterium": ein Kriterium, mit dem die Akzeptabilität eines Erzeugnisses oder einer Partie Lebensmittel festgelegt wird und das für im Handel befindliche Erzeugnisse gilt;

d) „Prozesshygienekriterium": ein Kriterium, das die akzeptable Funktionsweise des Herstellungsprozesses angibt. Ein solches Kriterium gilt nicht für im Handel befindliche Erzeugnisse. Mit ihm wird ein Richtwert für die Kontamination festgelegt, bei dessen Überschreitung Korrekturmaßnahmen erforderlich sind, damit die Prozesshygiene in Übereinstimmung mit dem Lebensmittelrecht erhalten wird;

e) „Partie": eine Gruppe oder Serie bestimmbarer Erzeugnisse, die anhand eines bestimmten Prozesses unter praktisch identischen Bedingungen gewonnen und an einem bestimmten Ort in einem festgelegten Produktionszeitraum hergestellt werden;

f) „Haltbarkeitsdauer": entweder der der Datumsangabe „Verbrauchen bis" auf dem Erzeugnis oder der dem Mindesthaltbarkeitsdatum gemäß Artikel 9 bzw. 10 der Richtlinie 2000/13/EG entsprechende Zeitraum;

g) „Verzehrfertige Lebensmittel": Lebensmittel, die vom Erzeuger oder Hersteller zum unmittelbaren menschlichen Verzehr bestimmt sind, ohne dass eine weitere Erhitzung oder eine sonstige Verarbeitung zur Abtötung der entsprechenden Mikroorganismen oder zu deren Reduzierung auf ein akzeptables Niveau erforderlich ist;

h) „Für Säuglinge bestimmte Lebensmittel": Lebensmittel, die gemäß der Richtlinie 91/321/EWG der Kommission[4] speziell für Säuglinge bestimmt sind;

i) „Lebensmittel für besondere medizinische Zwecke": diätetische Lebensmittel für besondere medizinische Zwecke gemäß der Richtlinie 1999/21/EG der Kommission[5];

j) „Probe": eine aus einem oder mehreren Einzelteilen zusammengesetzte Einheit bzw. Menge oder eine Stoffportion, die auf unterschiedliche Weise aus einer Gesamtheit oder einer großen Stoffmenge ausgewählt wurde und Informationen über ein bestimmtes Merkmal der untersuchten Gesamtheit oder des untersuchten Stoffes liefert und als Grundlage für eine Entscheidung über die fragliche Gesamtheit oder den fraglichen Stoff oder den Prozess, durch den sie/er zustande kam, bilden soll;

k) „Repräsentative Probe": eine Probe, bei der die Merkmale der Partie, aus der sie entnommen wurde, erhalten bleiben. Dies trifft vor allem auf eine Stichprobe zu, bei der jeder Artikel oder Teil der Partie mit gleicher Wahrscheinlichkeit in die Probe gelangt;

l) „Einhaltung der mikrobiologischen Kriterien": die Erzielung befriedigender oder akzeptabler Ergebnisse gemäß Anhang I bei der Untersuchung anhand der für das Kriterium festgelegten Werte durch Probenahme, Untersuchung und Durchführung von Korrekturmaßnahmen gemäß dem Lebensmittelrecht und den von der zuständigen Behörde gegebenen Anweisungen.

1) ABl. L 139 vom 30.4.2004, S. 55. Berichtigung im ABl. 226 vom 25.6.2004, S. 22.
2) ABl. L 139 vom 30.4.2004, S. 206. Berichtigung im ABl. 226 vom 25.6.2004, S. 83.
3) ABl. L 229 vom 30.8.1980, S. 1.
4) ABl. L 175 vom 4.7.1991, S. 35.
5) ABl. L 91 vom 7.4.1999, S. 29.

Verordnung (EG) Nr. 2073/2005

Artikel 3
Allgemeine Anforderungen

(1) Die Lebensmittelunternehmer stellen sicher, dass Lebensmittel die in Anhang I zu dieser Verordnung aufgeführten entsprechenden mikrobiologischen Kriterien einhalten. Dazu treffen die Lebensmittelunternehmer Maßnahmen auf allen Stufen der Herstellung, der Verarbeitung und des Vertriebs von Lebensmitteln, einschließlich des Einzelhandels im Rahmen ihrer auf den HACCP-Grundsätzen beruhenden Verfahren und der Anwendung der guten Hygienepraxis, um zu gewährleisten, dass:

    a) die ihrer Kontrolle unterliegende Lieferung, Handhabung und Verarbeitung von Rohstoffen und Lebensmitteln so durchgeführt wird, dass die Prozesshygienekriterien eingehalten werden,

    b) die während der gesamten Haltbarkeitsdauer der Erzeugnisse geltenden Lebensmittelsicherheitskriterien unter vernünftigerweise vorhersehbaren Bedingungen für Vertrieb, Lagerung und Verwendung eingehalten werden.

(2) Erforderlichenfalls haben die für die Herstellung des Erzeugnisses verantwortlichen Lebensmittelunternehmer Untersuchungen gemäß Anhang II durchzuführen, um die Einhaltung der Kriterien während der gesamten Haltbarkeitsdauer des Erzeugnisses zu überprüfen. Dies gilt insbesondere für verzehrfertige Lebensmittel, die das Wachstum von *Listeria monocytogenes* begünstigen und ein dadurch verursachtes Risiko für die öffentliche Gesundheit bergen können. Die Lebensmittelunternehmer können bei der Durchführung dieser Untersuchungen zusammenarbeiten. Leitlinien für die Durchführung der Untersuchungen können in die in Artikel 7 der Verordnung (EG) Nr. 852/2004 genannten Leitlinien für eine gute Verfahrenspraxis aufgenommen werden.

Artikel 4
Untersuchung anhand von Kriterien

(1) Die Lebensmittelunternehmer haben, wo angemessen, bei der Validierung oder Überprüfung des ordnungsgemäßen Funktionierens ihrer HACCP-gestützten Verfahren oder anderer Hygienekontrollmaßnahmen Untersuchungen anhand der mikrobiologischen Kriterien gemäß Anhang I durchzuführen.

(2) Die Lebensmittelunternehmer haben über die angemessenen Probenahmehäufigkeiten zu entscheiden, außer wenn in Anhang I spezielle Probenahmehäufigkeiten vorgesehen sind; in diesem Fall sind Proben in mindestens der in Anhang I genannten Häufigkeit zu entnehmen. Die Lebensmittelunternehmer entscheiden darüber im Rahmen ihrer HACCP-Verfahren und der guten Hygienepraxis, wobei dieGebrauchsanweisung des Lebensmittels zu berücksichtigen ist. Die Probenahmehäufigkeit kann an die Art und Größe der Lebensmittelunternehmen angepasst werden, sofern die Sicherheit der Lebensmittel nicht gefährdet wird.

Artikel 5
Spezifische Bestimmungen über Probenahme und Untersuchung

(1) Die in Anhang I genannten Untersuchungsmethoden sowie Probenahmepläne und -verfahren sind als Referenzverfahren heranzuziehen.

(2) Proben sind bei den bei der Lebensmittelherstellung genutzten Verarbeitungsbereichen und Ausrüstungsgegenständen zu entnehmen, wenn dies nötig ist, um sicherzustellen, dass die Kriterien eingehalten werden. Bei dieser Probenahme ist die ISO-Norm 18593 als Referenzverfahren heranzuziehen. Lebensmittelunternehmer, die verzehrfertige Lebensmittel herstellen, welche ein durch *Listeria monocytogenes* verursachtes Risiko für die öffentliche Gesundheit bergen könnten, haben im Rahmen hres Probenahmeplans Proben aus den Verarbeitungsbereichen und Ausrüstungsgegenständen auf *Listeria monocytogenes* zu untersuchen. Lebensmittelunternehmer, die getrocknete Säuglingsanfangsnahrung oder getrocknete Lebensmittel für besondere medizinische Zwecke herstellen, welche für Säuglinge unter sechs Monaten bestimmt sind und ein durch *Enterobacter sakazakii* verursachtes Risiko bergen können, haben im Rahmen ihres Probenahmeplans die Verarbeitungsbereiche und Ausrüstungsgegenstände auf *Enterobacteriaceae* zu untersuchen.

(3) Die Anzahl der gemäß den Probenahmeplänen in Anhang I zu ziehenden Probeeinheiten kann verringert werden, wenn der Lebensmittelunternehmer anhand zurückliegender Aufzeichnungen nachweisen kann, dass er über funktionierende HACCP-gestützte Verfahren verfügt.

(4) Wird jedoch die Untersuchung speziell zur Bewertung der Akzeptabilität einer bestimmten Lebensmittelpartie oder eines Prozesses durchgeführt, sind als Minimum die in Anhang I aufgeführten Probenahmepläne einzuhalten.

(5) Die Lebensmittelunternehmer können andere Probenahme- und Untersuchungsverfahren anwenden, wenn sie zur Zufriedenheit der zuständigen Behörde ausreichend nachweisen können, dass diese Verfahren zumindest gleichwertige Garantien bieten. Diese Verfahren können alternative Probenahmestellen und die Verwendung von Trendanalysen umfassen. Die Untersuchung auf alternative Mikroorganismen und damit zusammenhängende mikrobiologische Grenzwerte sowie die Durchführung von anderen als mikrobiologischen Analysen ist nur für Prozesshygienekriterien zulässig. Die Verwendung alternativer Untersuchungsmethoden ist zulässig, wenn diese Methoden anhand der in Anhang I aufgeführten Referenzmethoden validiert und wenn ein eigenes Verfahren gemäß dem Protokoll der Norm EN/ISO 16140 oder anderen international anerkannten ähnlichen Protokollen von Dritten zertifiziert ist. Sofern der Lebensmittelunternehmer andere Untersuchungsmethoden als die in Absatz 3 genannten validierten und zertifizierten anwenden möchte, müssen diese nach international anerkannten Protokollen validiert und ihre Verwendung durch die zuständige Behörde genehmigt sein.

Verordnung (EG) Nr. 2073/2005

Artikel 6
Anforderungen an die Kennzeichnung

(1) Sofern die Regelungen zu *Salmonella* in den in Anhang I aufgeführten und zum Verzehr in durcherhitztem Zustand bestimmten Lebensmittelkategorien für Hackfleisch/Faschiertes, Fleischzubereitungen und Fleischerzeugnisse eingehalten werden, sind die in den Verkehr gebrachten Partien dieser Erzeugnisse vom Hersteller eindeutig zu kennzeichnen, um den Verbraucher darauf hinzuweisen, dass sie vor dem Verzehr durcherhitzt werden müssen.

(2) Ab 1. Januar 2010 ist eine Etikettierung gemäß Absatz 1 hinsichtlich aus Geflügelfleisch hergestelltem Hackfleisch/ Faschiertem, aus Geflügelfleisch hergestellten Fleischzubereitungen und -erzeugnissen nicht mehr erforderlich.

Artikel 7
Unbefriedigende Ergebnisse

(1) Führt die Untersuchung anhand der in Anhang I festgelegten Kriterien zu unbefriedigenden Ergebnissen, haben die Lebensmittelunternehmer die in den Absätzen 2 bis 4 dieses Artikels angegebenen Maßnahmen und sonstige in ihren HACCP-gestützten Verfahren festgelegte Abhilfemaßnahmen sowie sonstige zum Schutz der Verbrauchergesundheit erforderliche Maßnahmen zu ergreifen. Zusätzlich haben sie Maßnahmen zu ergreifen, um die Ursache der unbefriedigenden Ergebnisse zu finden und damit zu verhindern, dass die nicht akzeptable mikrobiologische Kontamination erneut auftritt. Zu diesen Maßnahmen können Änderungen der HACCP-gestützten Verfahren oder andere Maßnahmen zur Kontrolle der Lebensmittelhygiene zählen.

(2) Sofern die Untersuchung anhand der Lebensmittelsicherheitskriterien nach Anhang I Kapitel 1 unbefriedigende Ergebnisse liefert, ist das Erzeugnis oder die Partie Lebensmittel gemäß Artikel 19 der Verordnung (EG) Nr. 178/2002 vom Markt zu nehmen oder zurückzurufen. Bereits in Verkehr gebrachte Erzeugnisse, die noch nicht im Einzelhandel angelangt sind und die Lebensmittelsicherheitskriterien nicht einhalten, können einer weiteren Verarbeitung unterzogen werden, die die entsprechende Gefahr beseitigt. Diese Behandlung kann nur von anderen Lebensmittelunternehmern als denjenigen auf Einzelhandelsebene durchgeführt werden. Der Lebensmittelunternehmer kann die Partie für andere Zwecke als die ursprünglich vorgesehenen verwenden, sofern diese Verwendung keine Gefahr für die Gesundheit für Mensch oder Tier darstellt und sofern sie im Rahmen der HACCPgestützten Verfahren und der guten Hygienepraxis festgelegt und von der zuständigen Behörde genehmigt wurde.

(3) Eine Partie Separatorenfleisch, die nach den in Anhang III Abschnitt V Kapitel III Nummer 3 der Verordnung (EG) Nr. 853/2004 genannten Verfahren hergestellt wurde und hinsichtlich des *Salmonella*-Kriteriums unbefriedigende Ergebnisse aufweist, darf in der Lebensmittelkette nur noch zur Herstellung von wärmebehandelten Fleischerzeugnissen in Betrieben verwendet werden, die gemäß der Verordnung (EG) Nr. 853/2004 zugelassen sind.

(4) Bei unbefriedigenden Ergebnissen hinsichtlich der Prozesshygienekriterien sind die in Anhang I Kapitel 2 aufgeführten Maßnahmen zu ergreifen.

Verordnung (EG) Nr. 2073/2005

Artikel 8
Vorübergehende Ausnahmeregelungen

(1) Bis spätestens 31. Dezember 2009 wird gemäß Artikel 12 der Verordnung (EG) Nr. 852/2004 eine vorübergehende Ausnahmeregelung gewährt hinsichtlich der Einhaltung des in Anhang I der vorliegenden Verordnung genannten Wertes für *Salmonella* in Hackfleisch/Faschiertem, Fleischzubereitungen und Fleischerzeugnissen, die zum Verzehr im durcherhitzten Zustand bestimmt sind und auf dem Staatsgebiet eines Mitgliedstaates in Verkehr gebracht werden.

(2) Die Mitgliedstaaten, die von dieser Möglichkeit Gebrauch machen, teilen dies der Kommission und den anderen Mitgliedstaaten mit. Der Mitgliedstaat

   a) sichert zu, dass geeignete Vorkehrungen getroffen sind, einschließlich Etikettierung und eines speziellen Kennzeichens, das nicht mit der Identitätskennzeichnung gemäß Anhang II Abschnitt I der Verordnung (EG) Nr. 853/ 2004 zu verwechseln ist, um sicherzustellen, dass die Ausnahmeregelung nur für die betroffenen Erzeugnisse gilt, wenn diese auf dem eigenen Staatsgebiet in Verkehr gebracht werden, und dass Erzeugnisse, die für den innergemeinschaftlichen Handel versandt werden, die in Anhang I aufgeführten Kriterien einhalten.

   b) trägt dafür Sorge, dass die Erzeugnisse, für die solche vorübergehenden Ausnahmeregelungen gelten, eine eindeutige Kennzeichnung mit dem Hinweis, dass sie vor dem Verzehr durchzuerhitzen sind, enthalten.

   c) garantiert, dass bei der Untersuchung anhand des *Salmonella*-Kriteriums gemäß Artikel 4 das Ergebnis hinsichtlich einer solchen vorübergehenden Ausnahmeregelung nur dann akzeptabel ist, wenn nicht mehr als eine von fünf Probeneinheiten einen positiven Salmonellen- Nachweis hat.

Artikel 9
Trendanalysen

Die Lebensmittelunternehmer haben Trends bei den Untersuchungsergebnissen zu analysieren. Bewegt sich ein Trend auf unbefriedigende Ergebnisse zu, so treffen die Lebensmittelunternehmer unverzüglich geeignete Maßnahmen, um zu verhindern, dass mikrobiologische Gefahren auftreten. Artikel 10 überprüfung Die vorliegende Verordnung ist vor dem Hintergrund des wissenschaftlichen, technischen und methodischen Fortschritts, neu auftretender pathogener Mikroorganismen in Lebensmitteln sowie der Informationen aus Risikobewertungen zu überprüfen. Insbesondere sind die Kriterien und Bedingungen in Bezug auf den Nachweis von Salmonellen in Schlachtkörpern von Rindern, Schafen, Ziegen, Pferden, Schweinen und Geflügel angesichts der beobachteten Veränderungen der Salmonellenprävalenz zu überprüfen.

Verordnung (EG) Nr. 2073/2005

Artikel 11
Aufhebung
Die Entscheidung 93/51/EWG wird aufgehoben.

Artikel 12
Diese Verordnung tritt am zwanzigsten Tag nach ihrer Veröffentlichung im Amtsblatt der Europäischen Union in Kraft. Sie gilt ab 1. Januar 2006.

Diese Verordnung ist in allen ihren Teilen verbindlich und gilt unmittelbar in jedem Mitgliedstaat.

Brüssel, den 15. November 2005

Verordnung (EG) Nr. 2073/2005

ANHANG I – Mikrobiologische Kriterien für Lebensmittel

Kapitel 1. Lebensmittelsicherheitskriterien

	Lebensmittelkategorie	Mikroorganismen / deren Toxine, Metaboliten	Probenahmeplan [1]		Grenzwerte [2]		Analytische Referenzmethode [3]	Stufe, für die das Kriterium gilt
			n	c	m	M		
1.1.	Verzehrfertige Lebensmittel, die für Säuglinge oder für besondere medizinische Zwecke bestimmt sind [4]	Listeria monocytogenes	10	0	In 25 g nicht nachweisbar		EN/ISO 11290-1	In Verkehr gebrachte Erzeugnisse während der Haltbarkeitsdauer
1.2.	Andere als für Säuglinge oder für besondere medizinische Zwecke bestimmte, verzehrfertige Lebensmittel, die die Vermehrung von L. monocytogenes begünstigen können	Listeria monocytogenes	5	0	100 KBE/g [5]		EN/ISO 11290-2 [6]	In Verkehr gebrachte Erzeugnisse während der Haltbarkeitsdauer
			5	0	In 25 g nicht nachweisbar		EN/ISO 11290-1	Bevor das Lebensmittel die unmittelbare Kontrolle des Lebensmittelunternehmers der es hergestellt hat, verlassen hat
1.3.	Andere als für Säuglinge oder für besondere medizinische Zwecke bestimmte, verzehrfertige Lebensmittel, die die Vermehrung von L. monocytogenes nicht begünstigen können [4] [8]	Listeria monocytogenes	5	0	100 KBE/g		EN/ISO 11290-2 [6]	In Verkehr gebrachte Erzeugnisse während der Haltbarkeitsdauer
1.4.	Hackfleisch/Faschiertes und Fleischzubereitungen, die zum Rohverzehr bestimmt sind	Salmonella	5	0	In 25 g nicht nachweisbar		EN/ISO 6579	In Verkehr gebrachte Erzeugnisse während der Haltbarkeitsdauer
1.5.	Hackfleisch/Faschiertes und Fleischzubereitungen aus Geflügelfleisch, die zum Verzehr in durcherhitztem Zustand bestimmt sind	Salmonella	5	0	In 25 g nicht nachweisbar		EN/ISO 6579	In Verkehr gebrachte Erzeugnisse während der Haltbarkeitsdauer
1.6.	Hackfleisch/Faschiertes und Fleischzubereitungen, die aus anderen Fleischarten als Geflügel hergestellt wurden und zum Verzehr in durcherhitztem Zustand bestimmt sind	Salmonella	5	0	In 10 g nicht nachweisbar		EN/ISO 6579	In Verkehr gebrachte Erzeugnisse während der Haltbarkeitsdauer
1.7.	Separatorenfleisch [9]	Salmonella	5	0	In 10 g nicht nachweisbar		EN/ISO 6579	In Verkehr gebrachte Erzeugnisse während der Haltbarkeitsdauer

Verordnung (EG) Nr. 2073/2005

Lebensmittelkategorie		Mikroorganismen / deren Toxine, Metaboliten	Probenahmeplan [1]		Grenzwerte [2]		Analytische Referenzmethode [3]	Stufe, für die das Kriterium gilt
			n	c	m	M		
1.8.	Fleischerzeugnisse, die zum Verzehr in rohem Zustand bestimmt sind, außer Erzeugnisse, bei denen das Salmonellenrisiko durch das Herstellungsverfahren oder die Zusammensetzung des Erzeugnisses ausgeschlossen ist	*Salmonella*	5	0	In 25 g nicht nachweisbar		EN/ISO 6579	In Verkehr gebrachte Erzeugnisse während der Haltbarkeitsdauer
1.9.	Fleischerzeugnisse aus Geflügelfleisch, die zum Verzehr in durcherhitztem Zustand bestimmt sind	*Salmonella*	5	0	In 25 g nicht nachweisbar		EN/ISO 6579	In Verkehr gebrachte Erzeugnisse während der Haltbarkeitsdauer
1.10.	Gelatine und Kollagen	*Salmonella*	5	0	In 25 g nicht nachweisbar		EN/ISO 6579	In Verkehr gebrachte Erzeugnisse während der Haltbarkeitsdauer
1.11.	Käse, Butter und Sahne aus Rohmilch oder aus Milch, die einer Wärmebehandlung unterhalb der Pasteurisierungstemperatur unterzogen wurden [10]	*Salmonella*	5	0	In 25 g nicht nachweisbar		EN/ISO 6579	In Verkehr gebrachte Erzeugnisse während der Haltbarkeitsdauer
1.12.	Milch- und Molkepulver [10]	*Salmonella*	5	0	In 25 g nicht nachweisbar		EN/ISO 6579	In Verkehr gebrachte Erzeugnisse während der Haltbarkeitsdauer
1.13.	Eiscreme [11], außer Erzeugnisse, bei denen das Salmonellenrisiko durch das Herstellungsverfahren oder die Zusammensetzung des Erzeugnisses ausgeschlossen ist	*Salmonella*	5	0	In 25 g nicht nachweisbar		EN/ISO 6579	In Verkehr gebrachte Erzeugnisse während der Haltbarkeitsdauer
1.14.	Eiprodukte, außer Erzeugnisse, bei denen das Salmonellenrisiko durch das Herstellungsverfahren oder die Zusammensetzung des Erzeugnisses ausgeschlossen ist	*Salmonella*	5	0	In 25 g nicht nachweisbar		EN/ISO 6579	In Verkehr gebrachte Erzeugnisse während der Haltbarkeitsdauer
1.15.	Verzehrfertige Lebensmittel, die rohes Ei enthalten, außer Erzeugnisse, bei denen das Salmonellenrisiko durch das Herstellungsverfahren oder die Zusammensetzung des Erzeugnisses ausgeschlossen ist	*Salmonella*	5	0	In 25 g oder mL nicht nachweisbar		EN/ISO 6579	In Verkehr gebrachte Erzeugnisse während der Haltbarkeitsdauer
1.16.	Gekochte Krebs- und Weichtiere	*Salmonella*	5	0	In 25 g nicht nachweisbar		EN/ISO 6579	In Verkehr gebrachte Erzeugnisse während der Haltbarkeitsdauer
1.17.	Lebende Muscheln, Stachelhäuter, Manteltiere und Schnecken	*Salmonella*	5	0	In 25 g nicht nachweisbar		EN/ISO 6579	In Verkehr gebrachte Erzeugnisse während der Haltbarkeitsdauer

Verordnung (EG) Nr. 2073/2005

	Lebensmittelkategorie	Mikroorganismen / deren Toxine, Metaboliten	Probenah-meplan [1]		Grenzwerte [2]		Analytische Referenzmethode [3]	Stufe, für die das Kriterium gilt
			n	c	m	M		
1.18.	Keimlinge (verzehrfertig) [12]	Salmonella	5	0	In 25 g nicht nachweisbar		EN/ISO 6579	In Verkehr gebrachte Erzeugnisse während der Haltbarkeitsdauer
1.19.	Vorzerkleinertes Obst und Gemüse (verzehrfertig)	Salmonella	5	0	In 25 g nicht nachweisbar		EN/ISO 6579	In Verkehr gebrachte Erzeugnisse während der Haltbarkeitsdauer
1.20.	Nicht pasteurisierte Obst- und Gemüsesäfte (verzehrfertig)	Salmonella	5	0	In 25 g nicht nachweisbar		EN/ISO 6579	In Verkehr gebrachte Erzeugnisse während der Haltbarkeitsdauer
1.21.	Käse, Milch- und Molkepulver gemäß den Kriterien für koagulas-epositive Staphylokokken in Kapitel 2.2 dieses Anhangs	Staphylokokken-Enterotoxine	5	0	In 25 g nicht nachweisbar		Europäisches Screening-Verfahren des Gemeinschaftlichen Referenzlaboratoriums für koagulas-epositive Staphylokokken [13]	In Verkehr gebrachte Erzeugnisse während der Haltbarkeitsdauer
1.22.	Getrocknete Säuglingsanfangs-nahrung und getrocknete diäteti-sche Lebensmittel für besondere medizinische Zwecke, die für Säuglinge unter 6 Monaten bestimmt sind	Salmonella	30	0	In 25 g nicht nachweisbar		EN/ISO 6579	In Verkehr gebrachte Erzeugnisse während der Haltbarkeitsdauer
1.23.	Getrocknete Folgenahrung	Salmonella	30	0	In 25 g nicht nachweisbar		EN/ISO 6579	In Verkehr gebrachte Erzeugnisse während der Haltbarkeitsdauer
1.24.	Getrocknete Säuglingsanfangs-nahrung und getrocknete diätetische Lebensmittel für be-sondere medizinische Zwecke, die für Säuglinge unter 6 Monaten bestimmt sind [14]	Cronobacter spp. (Enterobacter sakazakii)	30	0	In 10 g nicht nachweisbar		ISO/DTS 22964	In Verkehr gebrachte Erzeugnisse während der Haltbarkeitsdauer
1.25.	Lebende Muscheln, Stachelhäu-ter, Manteltiere und Schnecken	E. coli [15]	1 [16]	0	230 MPN/100 g Fleisch und Schalen-flüssigkeit		ISO TS 16649-3	In Verkehr gebrachte Erzeugnisse während der Haltbarkeitsdauer
1.26.	Fischereierzeugnisse von Fisch-arten, bei denen ein hoher Gehalt an Histidin auftritt [17]	Histamin	9 [18]	2	100 mg/kg	200 mg/kg	HPLC [19]	In Verkehr gebrachte Erzeugnisse während der Haltbarkeitsdauer
1.27.	Fischereierzeugnisse, die einem enzymatischen Reifungsprozess in Salzlösung unterzogen und aus Fischarten hergestellt werden, bei denen ein hoher Gehalt an Histidin auftritt [17]	Histamin	9	2	200 mg/kg	400 mg/kg	HPLC [19]	In Verkehr gebrachte Erzeugnisse während der Haltbarkeitsdauer

Verordnung (EG) Nr. 2073/2005

1) n = Anzahl der Probeneinheiten der Stichprobe; c = Anzahl der Probeneinheiten, deren Werte über m oder zwischen m und M liegen.
2) Bei Nummern 1.1-1.24: m = M
3) Es ist die neueste Fassung der Norm zu verwenden.
4) Eine regelmäßige Untersuchung anhand des Kriteriums ist unter normalen Umständen bei folgenden verzehrfertigen Lebensmitteln nicht sinnvoll:
   — bei Lebensmitteln, die einer Wärmebehandlung oder einer anderen Verarbeitung unterzogen wurden, durch die *Listeria monocytogenes* abgetötet werden, wenn eine erneute Kontamination nach der Verarbeitung nicht möglich ist (z. B. bei in der Endverpackung wärmebehandelten Erzeugnissen);
   — bei frischem nicht zerkleinertem und nicht verarbeitetem Obst und Gemüse, ausgenommen Keimlinge;
   — bei Brot, Keksen sowie ähnlichen Erzeugnissen;
   — bei in Flaschen abgefülltem oder abgepacktem Wasser, alkoholfreien Getränken, Bier, Apfelwein, Wein, Spirituosen und ähnlichen Erzeugnissen;
   — bei Zucker, Honig und Süßwaren einschließlich Kakao- und Schokoladeerzeugnissen;
   — bei lebenden Muscheln.
   — bei Speisesalz..
5) Dieses Kriterium gilt, sofern der Hersteller zur Zufriedenheit der zuständigen Behörde nachweisen kann, dass das Erzeugnis während der gesamten Haltbarkeitsdauer den Wert von 100 KBE/g nicht übersteigt. Der Unternehmer kann Zwischengrenzwerte während des Verfahrens festlegen, die niedrig genug sein sollten, um zu garantieren, dass der Grenzwert von 100 KBE/g am Ende der Haltbarkeitsdauer nicht überschritten wird.
6) 1 mL Inoculum wird auf eine Petrischale (140 mm Durchmesser) oder auf 3 Petrischalen (je 90 mm Durchmesser) aufgebracht.
7) Dieses Kriterium gilt für Erzeugnisse, bevor sie aus der unmittelbaren Kontrolle des Lebensmittelunternehmers, der sie hergestellt hat, gelangt sind, wenn er nicht zur Zufriedenheit der zuständigen Behörde nachweisen kann, dass das Erzeugnis den Grenzwert von 100 KBE/g während der gesamten Haltbarkeitsdauer nicht überschreitet.
8) Erzeugnisse mit einem pH-Wert von ≤ 4,4 oder a_w-Wert von ≤ 0,92, Erzeugnisse mit einem pH-Wert von ≤ 5,0 und a_w-Wert von ≤ 0,94; Erzeugnisse mit einer Haltbarkeitsdauer von weniger als 5 Tagen werden automatisch dieser Kategorie zugeordnet. Andere Lebensmittelkategorien können vorbehaltlich einer wissenschaftlichen Begründung ebenfalls zu dieser Kategorie zählen.
9) Dieses Kriterium gilt für Separatorenfleisch, das mit Hilfe der in Anhang III Abschnitt V Kapitel III Nummer 3 der Verordnung (EG) Nr. 853/2004 des Europäischen Parlaments und des Rates genannten Verfahren hergestellt wurde.
10) Ausgenommen Erzeugnisse, für die der Hersteller zur Zufriedenheit der zuständigen Behörde nachweisen kann, dass aufgrund der Reifungszeit und, wo angemessen, des a_w-Wertes des Erzeugnisses kein Salmonellenrisiko besteht.
11) Nur Speiseeis, das Milchbestandteile enthält.
12) Voruntersuchung der Partie Samen, bevor mit dem Keimverfahren begonnen wird, oder Probenahme auf der Stufe, auf der die Wahrscheinlichkeit, Salmonellen festzustellen, voraussichtlich am größten ist.
13) Literatur: Gemeinschaftliches Referenzlaboratorium für koagulasepositive Staphylokokken. Europäisches Screening-Verfahren zum Nachweis von Staphylokokken-Enterotoxinen in Milch und Milcherzeugnissen.
14) Eine Paralleluntersuchung auf *Enterobacteriaceae* und *E. sakazakii* ist durchzuführen, sofern nicht eine Korrelation zwischen diesen Mikroorganismen auf Ebene der einzelnen Betriebe festgestellt wurde. Werden in einem Betrieb in einer Probeneinheit *Enterobacteriaceae* nachgewiesen, ist die Partie auf *E. sakazakii* zu untersuchen. Der Hersteller muss zur Zufriedenheit der zuständigen Behörde nachweisen, ob zwischen *Enterobacteriaceae* und *E. sakazakii* eine derartige Korrelation besteht.
15) *E. coli* wird hier als Indikator für fäkale Kontamination verwendet.
16) Eine Sammelprobe aus mindestens 10 einzelnen Tieren.
17) Vor allem Fischarten der Familien: *Scombridae, Clupeidae, Engraulidae, Coryfenidae, Pomatomidae* und *Scombraesosidae*.
18) Auf Einzelhandelsebene können einzelne Proben entnommen werden. In diesem Fall gilt die Annahme gemäß Artikel 14 Absatz 6 der Verordnung (EG) Nr. 178/2002 nicht, nach der die gesamte Partie als unsicher eingestuft werden sollte.
19) Literatur: 1. Malle P., Valle M., Bouquelet S. Assay of biogenic amines involved in fish decomposition. J. AOAC Internat. 1996, 79, 43—49. 2. Duflos G., Dervin C., Malle P., Bouquelet S. Relevance of matrix effect in determination of biogenic amines in plaice (*Pleuronectes platessa*) and whiting (*Merlangus merlangus*). J. AOAC Internat. 1999, 82, 1097—1101.

Verordnung (EG) Nr. 2073/2005

Interpretation der Untersuchungsergebnisse

Die angegebenen Grenzwerte beziehen sich auf jede einzelne untersuchte Probeneinheit, außer auf lebende Muscheln, Stachelhäuter, Manteltiere und Schnecken hinsichtlich der Untersuchung auf *E. coli*, wo sich der Grenzwert auf eine Sammelprobe bezieht.
Die Testergebnisse belegen die mikrobiologische Qualität der untersuchten Partie [1].

L. monocytogenes in verzehrfertigen Lebensmitteln für Säuglinge und für besondere medizinische Zwecke:
— befriedigend, wenn alle gemessenen Werte auf Nichtvorhandensein des Bakteriums hinweisen,
— unbefriedigend, wenn das Bakterium in einer Probeneinheit nachgewiesen wird.

L. monocytogenes in verzehrfertigen Lebensmitteln, die das Wachstum von *L. monocytogenes* begünstigen können, bevor das Lebensmittel aus der unmittelbaren Kontrolle des Lebensmittelunternehmers, der es hergestellt hat, gelangt, wenn er nicht nachweisen kann, dass das Erzeugnis während der gesamten Haltbarkeitsdauer den Grenzwert von 100 KBE/g nicht überschreitet:
— befriedigend, wenn alle gemessenen Werte auf Nichtvorhandensein des Bakteriums hinweisen,
— unbefriedigend, wenn das Bakterium in einer Probeneinheit nachgewiesen wird.

L. monocytogenes in sonstigen verzehrfertigen Lebensmitteln und *E. coli* in lebenden Muscheln:
— befriedigend, wenn alle gemessenen Werte ≤ dem Grenzwert sind,
— unbefriedigend, wenn einer der Werte > als der Grenzwert ist.

Salmonellen in verschiedenen Lebensmittelkategorien:
— befriedigend, wenn alle gemessenen Werte auf Nichtvorhandensein des Bakteriums hinweisen,
— unbefriedigend, wenn das Bakterium in einer Probeneinheit nachgewiesen wird.

Staphylokokken-Enterotoxine in Milcherzeugnissen:
— befriedigend, sofern die Enterotoxine in keiner Probeneinheit nachgewiesen werden,
— unbefriedigend, sofern die Enterotoxine in einer Probeneinheit nachgewiesen werden.

Enterobacter sakazakii in getrockneter Säuglingsanfangsnahrung und getrockneten diätetischen Lebensmitteln für besondere medizinische Zwecke, die für Säuglinge unter 6 Monaten bestimmt sind:
— befriedigend, wenn alle gemessenen Werte auf Nichtvorhandensein des Bakteriums hinweisen,
— unbefriedigend, wenn das Bakterium in einer Probeneinheit nachgewiesen wird.

Histamin in Fischereierzeugnissen von Fischarten, bei denen ein hoher Gehalt an Histidin auftritt:
— befriedigend, sofern folgende Anforderungen erfüllt sind:
  1. der gemessene Durchschnittswert ist ≤ m,
  2. möglichst viele gemessene c/n-Werte liegen zwischen m und M,
  3. kein gemessener Wert überschreitet den Grenzwert M,
— unbefriedigend, sofern der gemessene Durchschnittswert > m ist oder mehr als c/n-Werte zwischen m und M liegen oder ein gemessener Wert oder mehrere gemessene Werte > M sind.

[1] Die Untersuchungsergebnisse können auch zum Nachweis der Wirksamkeit des HACCP-gestützten Verfahrens oder der guten Hygienepraxis dienen.

Verordnung (EG) Nr. 2073/2005

Kapitel 2. Prozesshygienekriterien

2.1. Fleisch und Fleischerzeugnisse

Lebensmittelkategorie	Mikroorganismen	Probenahmeplan [1]		Grenzwerte [2]		Analytische Referenzmethode [3]	Stufe, für die das Kriterium gilt	Maßnahmen im Fall unbefriedigender Ergebnisse
		n	c	m	M			
2.1.1. Schlachtkörper von Rindern, Schafen, Ziegen und Pferden [4]	Aerobe mesophile Keimzahl			3,5 log KBE/cm² tagesdurchschnittlicher Log-Wert	5,0 log KBE/cm² tagesdurchschnittlicher Log-Wert	ISO 4833	Schlachtkörper nach dem Zurichten, aber vor dem Kühlen	Verbesserungen in der Schlachthygiene und Überprüfung der Prozesskontrolle
	Enterobacteriaceae			1,5 log KBE/cm² tagesdurchschnittlicher Log-Wert	2,5 log KBE/cm² tagesdurchschnittlicher Log-Wert	ISO 21528-2	Schlachtkörper nach dem Zurichten, aber vor dem Kühlen	Verbesserungen in der Schlachthygiene und Überprüfung der Prozesskontrolle
2.1.2. Schlachtkörper von Schweinen [4]	Aerobe mesophile Keimzahl			4,0 log KBE/cm² tagesdurchschnittlicher Log-Wert	5,0 log KBE/cm² tagesdurchschnittlicher Log-Wert	ISO 4833	Schlachtkörper nach dem Zurichten, aber vor dem Kühlen	Verbesserungen in der Schlachthygiene und Überprüfung der Prozesskontrolle
	Enterobacteriaceae			2,0 log KBE/cm² tagesdurchschnittlicher Log-Wert	3,0 log KBE/cm² tagesdurchschnittlicher Log-Wert	ISO 21528-2	Schlachtkörper nach dem Zurichten, aber vor dem Kühlen	Verbesserungen in der Schlachthygiene und Überprüfung der Prozesskontrolle
2.1.3. Schlachtkörper von Rindern, Schafen, Ziegen und Pferden	Salmonella	50 [5]	2 [6]	In dem je Schlachtkörper beprobten Bereich nicht nachweisbar		EN/ISO 6579	Schlachtkörper nach dem Zurichten, aber vor dem Kühlen	Verbesserungen in der Schlachthygiene, Überprüfung der Prozesskontrolle und der Herkunft der Tiere
2.1.4. Schlachtkörper von Schweinen	Salmonella	50 [5]	5 [6]	In dem je Schlachtkörper beprobten Bereich nicht nachweisbar		EN/ISO 6579	Schlachtkörper nach dem Zurichten, aber vor dem Kühlen	Verbesserungen in der Schlachthygiene, Überprüfung der Prozesskontrolle und der Herkunft der Tiere sowie der Maßnahmen im Bereich der Biosicherheit in den Herkunftsbetrieben
2.1.5. Geflügelschlachtkörper von Broilern und Puten	Salmonella	50 [5]	7 [6]	In 25 g einer gepoolten Probe von der Halshaut nicht nachweisbar		EN/ISO 6579	Schlachtkörper nach dem Kühlen	Verbesserungen in der Schlachthygiene, Überprüfung der Prozesskontrolle und der Herkunft der Tiere sowie der Maßnahmen im Bereich der Biosicherheit in den Herkunftsbetrieben

Verordnung (EG) Nr. 2073/2005

Lebensmittelkategorie		Mikroorganismen	Probenahmeplan [1]		Grenzwerte [2]		Analytische Referenzmethode [3]	Stufe, für die das Kriterium gilt	Maßnahmen im Fall unbefriedigender Ergebnisse
			n	c	m	M			
2.1.6.	Hackfleisch / Faschiertes	Aerobe mesophile Keimzahl [7]	5	2	5×10^5 KBE/g	5×10^6 KBE/g	ISO 4833	Ende des Herstellungsprozesses	Verbesserungen in der Herstellungshygiene und bei Auswahl und/oder Herkunft der Rohstoffe
		E. coli [8]	5	2	50 KBE/g	500 KBE/g	ISO 16649-1 oder 2	Ende des Herstellungsprozesses	Verbesserungen in der Herstellungshygiene und bei Auswahl und/oder Herkunft der Rohstoffe
2.1.7.	Separatorenfleisch [9]	Aerobe mesophile Keimzahl	5	2	5×10^5 KBE/g	5×10^6 KBE/g	ISO 4833	Ende des Herstellungsprozesses	Verbesserungen in der Herstellungshygiene und bei Auswahl und/oder Herkunft der Rohstoffe
		E. coli [8]	5	2	50 KBE/g	500 KBE/g	ISO 16649-1 oder 2	Ende des Herstellungsprozesses	Verbesserungen in der Herstellungshygiene und bei Auswahl und/oder Herkunft der Rohstoffe
2.1.8.	Fleischzubereitungen	E. coli [8]	5	2	500 KBE/g oder cm^2	5000 KBE/g oder cm^2	ISO 16649-1 oder 2	Ende des Herstellungsprozesses	Verbesserungen in der Herstellungshygiene und bei Auswahl und/oder Herkunft der Rohstoffe

1) n = Anzahl der Probeneinheiten der Stichprobe; c = Anzahl der Probeneinheiten, deren Werte zwischen m und M liegen.
2) Bei Nummern 2.1.3-2.1.5: m = M
3) Es ist die neueste Fassung der Norm zu verwenden.
4) Die Grenzwerte (m und M) gelten nur für im destruktiven Verfahren entnommene Proben. Der tagesdurchschnittliche Log-Wert wird berechnet, indem zunächst ein Log-Wert eines jeden einzelnen Untersuchungsergebnisses ermittelt und dann der Durchschnitt dieser Log-Werte berechnet wird.
5) Die 50 Proben sind bei 10 aufeinander folgenden Probenerhebungen gemäß den in dieser Verordnung festgelegten Probenahmevorschriften und -häufigkeiten zu entnehmen.
6) Die Anzahl der Proben, in denen Salmonellen nachgewiesen wurden. Der Wert c ist zu überprüfen, damit die Fortschritte bei der Verringerung der Salmonellenprävalenz berücksichtigt werden können. Mitgliedstaaten oder Regionen mit geringer Salmonellenprävalenz können auch schon vor der Überprüfung geringere c-Werte verwenden.
7) Dieses Kriterium gilt nicht für auf Einzelhandelsebene erzeugtes Hackfleisch/Faschiertes, sofern die Haltbarkeitsdauer des Erzeugnisses weniger als 24 Stunden beträgt.
8) E. coli wird hier als Indikator für fäkale Kontamination verwendet.
9) Diese Kriterien gelten für Separatorenfleisch, das mit Hilfe der in Anhang III Abschnitt V Kapitel III Nummer 3 der Verordnung (EG) Nr. 853/2004 des Europäischen Parlaments und des Rates genannten Verfahren hergestellt wurde.

Verordnung (EG) Nr. 2073/2005

Interpretation der Untersuchungsergebnisse

Die angegebenen Grenzwerte beziehen sich auf jede einzelne untersuchte Probeneinheit, außer auf die Untersuchung von Schlachtkörpern, bei denen sie sich auf die Sammelproben beziehen.

Die Testergebnisse weisen auf die mikrobiologischen Bedingungen des entsprechenden Herstellungsprozesses hin.

Enterobacteriaceae und aerobe mesophile Keimzahl bei Schlachtkörpern von Rindern, Schafen, Ziegen, Pferden und Schweinen:
— befriedigend, sofern der tagesdurchschnittliche Log-Wert ≤ m ist,
— akzeptabel, sofern der tagesdurchschnittliche Log-Wert zwischen m und M liegt,
— unbefriedigend, sofern der tagesdurchschnittliche Log-Wert > M ist.

Salmonella in Schlachtkörpern:
— befriedigend, sofern *Salmonella* in höchstens c/n Proben nachgewiesen wird,
— unbefriedigend, sofern *Salmonella* in mehr als c/n Proben nachgewiesen wird.
Nach jeder Probenerhebung werden die Ergebnisse der 10 letzten Probenerhebungen bewertet, um die n Anzahl an Proben zu ermitteln.

E.coli und aerobe mesophile Keimzahl bei Hackfleisch/Faschiertem, Fleischzubereitungen und Separatorenfleisch:
— befriedigend, sofern alle gemessenen Werte ≤ m sind,
— akzeptabel, sofern möglichst viele c/n-Werte zwischen m und M liegen und die übrigen Werte ≤ m sind,
— unbefriedigend, sofern ein gemessener Wert oder mehrere gemessene Werte > M sind oder mehr als c/n-Werte zwischen m und M liegen.

2.2. Milch und Milcherzeugnisse

Lebensmittelkategorie	Mikroorganismen	Probenahmeplan [1)]		Grenzwerte [2)]		Analytische Referenzmethode [3)]	Stufe, für die das Kriterium gilt	Maßnahmen im Fall unbefriedigender Ergebnisse
		n	c	m	M			
2.2.1. Pasteurisierte Milch und sonstige pasteurisierte flüssige Milcherzeugnisse [4)]	*Enterobacteriaceae*	5	0	10 KBE/mL		ISO 21528-2	Ende des Herstellungsprozesses	Kontrolle der Wirksamkeit der Wärmebehandlung und Vermeidung einer Rekontamination sowie Kontrolle der Rohstoffqualität
2.2.2. Käse aus Milch oder Molke, die einer Wärmebehandlung unterzogen wurden	*E. coli* [5)]	5	2	100 KBE/g	1000 KBE/g	ISO 16649-1 oder 2	Zu einem Zeitpunkt während der Herstellung, zu dem der höchste *E.-coli*-Gehalt erwartet wird [6)]	Verbesserungen in der Herstellungshygiene und bei der Auswahl der Rohstoffe

Verordnung (EG) Nr. 2073/2005

Lebensmittelkategorie		Mikroorganismen	Probenahmeplan [1]		Grenzwerte [2]		Analytische Referenzmethode [3]	Stufe, für die das Kriterium gilt	Maßnahmen im Fall unbefriedigender Ergebnisse
			n	c	m	M			
2.2.3.	Käse aus Rohmilch	Koagulase-positive Staphylokokken	5	2	10^4 KBE/g	10^5 KBE/g	EN/ISO 6888-2	Zu einem Zeitpunkt während der Herstellung, zu dem der höchste Staphylokokkengehalt erwartet wird	Verbesserungen in der Herstellungshygiene und bei der Auswahl der Rohstoffe. Sofern Werte > 10^5 KBE/g nachgewiesen werden, ist die Partie Käse auf Staphylokokken-Enterotoxine zu untersuchen.
2.2.4.	Käse aus Milch, die einer Wärmebehandlung unterhalb der Pasteurisierungstemperatur unterzogen wurde und gereifter Käse aus Milch oder Molke, die pasteurisiert oder einer Wärmebehandlung über der Pasteurisierungstemperatur unterzogen wurde [7]	Koagulase-positive Staphylokokken	5	2	100 KBE/g	1000 KBE/g	EN/ISO 6888-1 oder 2	Zu einem Zeitpunkt während der Herstellung, zu dem der höchste Staphylokokkengehalt erwartet wird	Verbesserungen in der Herstellungshygiene und bei der Auswahl der Rohstoffe. Sofern Werte > 10^5 KBE/g nachgewiesen werden, ist die Partie Käse auf Staphylokokken-Enterotoxine zu untersuchen.
2.2.5.	Nicht gereifter Weichkäse (Frischkäse) aus Milch oder Molke, die pasteurisiert oder einer Wärmebehandlung über der Pasteurisierungstemperatur unterzogen wurden [7]	Koagulase-positive Staphylokokken	5	2	10 KBE/g	100 KBE/g	EN/ISO 6888-1 oder 2	Ende des Herstellungsprozesses	Verbesserungen in der Herstellungshygiene. Sofern Werte > 10^5 KBE/g nachgewiesen werden, ist die Partie auf Staphylokokken-Enterotoxine zu untersuchen.
2.2.6.	Butter und Sahne aus Rohmilch oder Milch, die einer Wärmebehandlung unterhalb der Pasteurisierungstemperatur unterzogen wurde	E. coli [5]	5	2	10 KBE/g	100 KBE/g	ISO 16649-1 oder 2	Ende des Herstellungsprozesses	Verbesserungen in der Herstellungshygiene und bei der Auswahl der Rohstoffe.
2.2.7.	Milch- und Molkepulver [4]	Enterobacteriaceae	5	0	10 KBE/g		ISO 21528-1	Ende des Herstellungsprozesses	Kontrolle der Wirksamkeit der Wärmebehandlung und Verhinderung einer erneuten Kontamination
		Koagulase-positive Staphylokokken	5	2	10 KBE/g	100 KBE/g	EN ISO 6888-1 oder 2	Ende des Herstellungsprozesses	Verbesserungen der Herstellungshygiene. Sofern Werte > 10^5 KBE/g nachgewiesen werden, ist die Partie auf Staphylokokken-Enterotoxine zu untersuchen.

Verordnung (EG) Nr. 2073/2005

Lebensmittelkategorie		Mikroorganismen	Probenahmeplan [1]		Grenzwerte [2]		Analytische Referenzmethode [3]	Stufe, für die das Kriterium gilt	Maßnahmen im Fall unbefriedigender Ergebnisse
			n	c	m	M			
2.2.8.	Speiseeis [8] und vergleichbare gefrorene Erzeugnisse auf Milchbasis	*Enterobacteriaceae*	5	2	10 KBE/g	100 KBE/g	ISO 21528-2	Ende des Herstellungsprozesses	Verbesserungen in der Herstellungshygiene
2.2.9.	Getrocknete Säuglingsanfangsnahrung und getrocknete diätetische Lebensmittel für besondere medizinische Zwecke, die für Säuglinge unter 6 Monaten bestimmt sind	*Enterobacteriaceae*	10	0	In 10 g nicht nachweisbar		ISO 21528-1	Ende des Herstellungsprozesses	Verbesserungen in der Herstellungshygiene zur Minimierung der Kontamination [9]
2.2.10.	Getrocknete Folgenahrung	*Enterobacteriaceae*	5	0	In 10 g nicht nachweisbar		ISO 21528-1	Ende des Herstellungsprozesses	Verbesserungen in der Herstellungshygiene zur Minimierung der Kontamination
2.2.11.	Getrocknete Säuglingsanfangsnahrung und getrocknete diätetische Lebensmittel für besondere medizinische Zwecke, die für Säuglinge unter 6 Monaten bestimmt sind	Präsumptiver *Bacillus cereus*	5	1	50 KBE/g	500 KBE/g	EN/ISO 7932 [10]	Ende des Herstellungsprozesses	Verbesserungen der Herstellungshygiene. Verhinderung der Rekontamination. Auswahl der Rohstoffe.

(1) n = Anzahl der Probeneinheiten der Stichprobe; c = Anzahl der Probeneinheiten, deren Werte zwischen m und M liegen.
(2) Bei Nummern 2.2.1, 2.2.7, 2.2.9 und 2.2.10: m = M.
(3) Es ist die neueste Fassung der Norm zu verwenden.
(4) Dieses Kriterium gilt nicht für Erzeugnisse, die zur weiteren Verarbeitung in der Lebensmittelindustrie bestimmt sind.
(5) *E. coli* wird hier als Hygieneindikator verwendet.
(6) Bei Käsen, die das Wachstum von *E. coli* nicht begünstigen, liegt der *E.-coli*-Gehalt gewöhnlich zu Beginn des Reifungsprozesses am höchsten, und bei Käsen, die das Wachstum von *E. coli* begünstigen, trifft dies normalerweise am Ende des Reifungsprozesses zu.
(7) Ausgenommen Käse, bei denen der Hersteller zur Zufriedenheit der zuständigen Behörde nachweisen kann, dass kein Risiko einer Belastung mit Staphylokokken-Enterotoxinen besteht.
(8) Nur Speiseeis, das Milchbestandteile enthält.
(9) Eine Paralleluntersuchung auf *Enterobacteriaceae* und *E. sakazakii* ist durchzuführen, sofern nicht eine Korrelation zwischen diesen Mikroorganismen auf Ebene der einzelnen Betriebe festgestellt wurde. Werden in einem Betrieb in einer Probeneinheit *Enterobacteriaceae* nachgewiesen, ist die Partie auf *E. sakazakii* zu untersuchen. Der Hersteller muss zur Zufriedenheit der zuständigen Behörde nachweisen, ob zwischen *Enterobacteriaceae* und *E. sakazakii* eine derartige Korrelation besteht.
(10) 1 mL Inoculum wird auf eine Petrischale (140 mm Durchmesser) oder auf 3 Petrischalen (je 90 mm Durchmesser) aufgebracht.

Verordnung (EG) Nr. 2073/2005

Interpretation der Untersuchungsergebnisse

Die angegebenen Grenzwerte beziehen sich auf jede einzelne untersuchte Probeneinheit.
Die Testergebnisse weisen auf die mikrobiologischen Bedingungen des entsprechenden Herstellungsprozesses hin.

Enterobacteriaceae in getrockneter Säuglingsanfangsnahrung und getrockneten diätetischen Lebensmitteln für besondere medizinische Zwecke, die für Säuglinge unter 6 Monaten bestimmt sind:
— befriedigend, wenn alle gemessenen Werte auf Nichtvorhandensein des Bakteriums hinweisen,
— unbefriedigend, wenn das Bakterium in einer Probeneinheit nachgewiesen wird.

E.coli, *Enterobacteriaceae* (andere Lebensmittelkategorien) und koagulasepositive Staphylokokken:
— befriedigend, sofern alle gemessenen Werte ≤ m sind,
— akzeptabel, sofern möglichst viele c/n-Werte zwischen m und M liegen und die übrigen gemessenen Werte ≤ m sind,
— unbefriedigend, sofern ein gemessener Wert oder mehrere gemessene Werte > M sind oder mehr als c/n-Werte zwischen m und M liegen.

Präsumtiver *Bacillus cereus* in getrockneter Säuglingsanfangsnahrung und getrockneten diätetischen Lebensmitteln für besondere medizinische Zwecke, die für Säuglinge unter 6 Monaten bestimmt sind:
— befriedigend, sofern alle gemessenen Werte ≤ m sind,
— akzeptabel, sofern möglichst viele c/n-Werte zwischen m und M liegen und die übrigen gemessenen Werte ≤ m sind,
— unbefriedigend, sofern ein gemessener Wert oder mehrere gemessene Werte > M sind
oder mehr als c/n-Werte zwischen m und M liegen.

2.3. Eierzeugnisse

	Lebensmittelkategorie	Mikroorganismen	Probenahmeplan [1]		Grenzwerte		Analytische Referenzmethode [2]	Stufe, für die das Kriterium gilt	Maßnahmen im Fall unbefriedigender Ergebnisse
			n	c	m	M			
2.3.1.	Eiprodukte	*Enterobacteriaceae*	5	2	10 KBE/g oder mL	100 KBE/g oder mL	ISO 21528-2	Ende des Herstellungsprozesses	Kontrolle der Wirksamkeit der Wärmebehandlung und Verhinderung einer erneuten Kontamination

[1] n = Anzahl der Probeneinheiten der Stichprobe; c = Anzahl der Probeneinheiten, deren Werte zwischen m und M liegen.
[2] Es ist die neueste Fassung der Norm zu verwenden.

Verordnung (EG) Nr. 2073/2005

Interpretation der Untersuchungsergebnisse

Die angegebenen Grenzwerte beziehen sich auf jede einzelne untersuchte Probeneinheit.
Die Testergebnisse weisen auf die mikrobiologischen Bedingungen des entsprechenden Herstellungsprozesses hin.

Enterobacteriaceae in Eiprodukten:
— befriedigend, sofern alle gemessenen Werte < m sind,
— akzeptabel, sofern möglichst viele c/n-Werte zwischen m und M liegen und die übrigen gemessenen Werte < m sind,
— unbefriedigend, sofern ein gemessener Wert oder mehrere gemessene Werte > M sind oder mehr als c/n-Werte zwischen m und M liegen.

2.4. Fischereierzeugnisse

	Lebensmittelkategorie	Mikroorganismen	Probenah-meplan [1]		Grenzwerte		Analytische Referenz-methode [2]	Stufe, für die das Kriterium gilt	Maßnahmen im Fall unbefriedigender Ergebnisse
			n	c	m	M			
2.4.1.	Erzeugnisse von gekochten Krebs- und Weichtieren ohne Panzer bzw. Schale	*E. coli*	5	2	1 KBE/g	10 KBE/g	ISO TS 16649-3	Ende des Herstel-lungsprozesses	Verbesserungen in der Herstellungshygiene
		Koagulase-positive Staphylokokken	5	2	100 KBE/g	1 000 KBE/g	EN ISO 6888-1 oder 2	Ende des Herstel-lungsprozesses	Verbesserungen in der Herstellungshygiene

(1) n = Anzahl der Probeneinheiten der Stichprobe; c = Anzahl der Probeneinheiten, deren Werte zwischen m und M liegen.
(2) Es ist die neueste Fassung der Norm zu verwenden.

Interpretation der Untersuchungsergebnisse

Die angegebenen Grenzwerte beziehen sich auf jede einzelne untersuchte Probeneinheit.
Die Testergebnisse weisen auf die mikrobiologischen Bedingungen des entsprechenden Herstellungsprozesses hin.

E. coli in Erzeugnissen von gekochten Krebs- und Weichtieren ohne Panzer bzw. Schale:
— befriedigend, sofern alle gemessenen Werte ≤ m sind,
— akzeptabel, sofern möglichst viele c/n-Werte zwischen m und M liegen und die übrigen gemessenen Werte ≤ m sind,
— unbefriedigend, sofern ein gemessener Wert oder mehrere gemessene Werte > M sind oder mehr als c/n-Werte zwischen m und M liegen.

Koagulasepositive Staphylokokken in gekochten Krebs- und Weichtieren ohne Panzer bzw. Schale:
— befriedigend, sofern alle gemessenen Werte ≤ m sind,
— akzeptabel, sofern möglichst viele c/n-Werte zwischen m and M liegen und die übrigen gemessenen Werte ≤ m sind,
— unbefriedigend, sofern ein gemessener Wert oder mehrere gemessene Werte > M sind oder mehr als c/n-Werte zwischen m und M liegen.

2.5. Gemüse, Obst und daraus hergestellte Erzeugnisse

Lebensmittelkategorie		Mikroorganismen	Probenahmeplan [1]		Grenzwerte		Analytische Referenzmethode [2]	Stufe, für die das Kriterium gilt	Maßnahmen im Fall unbefriedigender Ergebnisse
			n	c	m	M			
2.5.1.	Vorzerkleinertes Obst und Gemüse (verzehrfertig)	E. coli	5	2	100 KBE/g	1 000 KBE/g	ISO 16649-1 oder 2	Während der Herstellung	Verbesserungen in der Herstellungshygiene und bei der Auswahl der Rohstoffe
2.5.2.	Nicht pasteurisierte Obst- und Gemüsesäfte (verzehrfertig)	E. coli	5	2	100 KBE/g	1 000 KBE/g	ISO 16649-1 oder 2	Während der Herstellung	Verbesserungen in der Herstellungshygiene und bei der Auswahl der Rohstoffe

[1] n = Anzahl der Probeneinheiten der Stichprobe; c = Anzahl der Probeneinheiten, deren Werte zwischen m und M liegen.
[2] Es ist die neueste Fassung der Norm zu verwenden.

Interpretation der Untersuchungsergebnisse

Die angegebenen Grenzwerte beziehen sich auf jede einzelne untersuchte Probeneinheit.
Die Testergebnisse weisen auf die mikrobiologischen Bedingungen des entsprechenden Herstellungsprozesses hin.

E.coli in vorzerkleinertem Obst und Gemüse (verzehrfertig) und in nicht pasteurisierten Obst- und Gemüsesäften (verzehrfertig)
— befriedigend, sofern alle gemessenen Werte ≤ m sind,
— akzeptabel, sofern möglichst viele c/n-Werte zwischen m and M liegen und die übrigen gemessenen Werte < m sind,
— unbefriedigend, sofern ein gemessener Wert oder mehrere gemessene Werte > M sind
   oder mehr als c/n-Werte zwischen m und M liegen.

Verordnung (EG) Nr. 2073/2005

Kapitel 3. Bestimmungen über die Entnahme und Aufbereitung von Untersuchungsproben

3.1. Allgemeine Bestimmungen über die Entnahme und Aufbereitung der Untersuchungsproben

Solange keine spezifischeren Vorschriften für die Probenahme und die Probenaufbereitung vorliegen, sind die entsprechenden ISO-Normen (ISO = Internationale Organisation für Normung) und die Richtlinien des Codex Alimentarius als Referenzverfahren heranzuziehen.

3.2. Probenahme zur bakteriologischen Untersuchung in Schlachthöfen und Betrieben, die Hackfleisch/Faschiertes und Fleischzubereitungen herstellen

Bestimmungen über die Probenahme an Schlachtkörpern von Rindern, Schweinen, Schafen, Ziegen und Pferden

Die destruktiven und nichtdestruktiven Probenahmeverfahren, die Auswahl der Probenahmestellen sowie die Bestimmungen über Lagerung und Beförderung von Proben werden in der Norm ISO 17604 beschrieben.

Bei jeder Probenahme sind fünf Schlachtkörper nach dem Zufallsprinzip zu beproben. Die Probenahmestellen sollten unter Berücksichtigung der in den verschiedenen Anlagen verwendeten Schlachttechnik gewählt werden.

Bei der Beprobung zur Untersuchung auf *Enterobacteriaceae* und der aeroben Keimzahl sind vier Stellen jedes Schlachtkörpers zu beproben. Mit Hilfe des destruktiven Verfahrens sind vier Gewebeproben mit einer Gesamtfläche von 20 cm^2 zu entnehmen. Bei Anwendung des nichtdestruktiven Verfahrens für diesen Zweck ist eine Probefläche je Probestelle von mindestens 100 cm^2 (50 cm^2 bei Schlachtkörpern kleiner Wiederkäuer) abzudecken.
Bei der Beprobung zur Untersuchung auf *Salmonella* ist die Probenahme mit Hilfe eines Kratzschwamms durchzuführen. Es sind Bereiche auszuwählen, bei denen die Wahrscheinlichkeit, dass sie kontaminiert sind, am größten ist.

Vor der Untersuchung werden die von den verschiedenen Probenahmestellen entnommenen Proben des zu beprobenden Schlachtkörpers entsprechend gepoolt.

Bestimmungen über die Probenahme von Geflügelschlachtkörpern

Zur Untersuchung auf *Salmonella* sind bei jeder Probenahme mindestens 15 Schlachtkörper nach der Kühlung zu beproben. Von jedem Schlachtkörper ist ein Stück von etwa 10 g der Halshaut zu entnehmen. Vor der Untersuchung sind die Hautproben vom Hals von jeweils drei Schlachtkörpern zu poolen, die dann 5 × 25 g endgültige Proben bilden.

Verordnung (EG) Nr. 2073/2005

Leitlinien für die Probenahme

Ausführlichere Leitlinien für die Probenahme bei Schlachtkörpern, insbesondere, was die Probenahmestellen anbelangt, können in die in Artikel 7 der Verordnung (EG) Nr. 852/2004 enthaltenen Leitlinien für gute Verfahrenspraxis aufgenommen werden.

Probenahmehäufigkeit bei Schlachtkörpern, Hackfleisch/Faschiertem, Fleischzubereitungen und Separatorenfleisch

Die Lebensmittelunternehmer von Schlachthöfen oder Betrieben, die Hackfleisch/Faschiertes, Fleischzubereitungen oder Separatorenfleisch herstellen, haben mindestens einmal wöchentlich Proben zur mikrobiologischen Untersuchung zu entnehmen. Der Probenahmetag ist wöchentlich zu ändern, damit sichergestellt ist, dass jeder Wochentag abgedeckt ist.

Was die Probenahme bei Hackfleisch/Faschiertem und Fleischzubereitungen zur Untersuchung auf *E. coli* und der aeroben mesophilen Keimzahl sowie die Probenahme an Schlachtkörpern zur Untersuchung auf *Enterobacteriaceae* und der aeroben mesophilen Keimzahl anbelangt, kann die Häufigkeit auf eine 14-tägige Untersuchung verringert werden, sofern in sechs aufeinander folgenden Wochen befriedigende Ergebnisse erzielt wurden.

Bei der Beprobung von Hackfleisch/Faschiertem, Fleischzubereitungen und Schlachtkörpern zur Untersuchung auf *Salmonella* kann die Probenahmehäufigkeit auf eine 14-tägige Untersuchung verringert werden, wenn in 30 aufeinander folgenden Wochen befriedigende Ergebnisse erzielt wurden. Die Probenahmehäufigkeit bei Untersuchungen auf Salmonellen kann auch verringert werden, sofern ein nationales oder regionales Salmonellen-Kontrollprogramm besteht und dieses Programm Untersuchungen umfasst, die die oben genannte Probenahme ersetzen. Die Probenahmehäufigkeit kann noch weiter verringert werden, wenn in dem nationalen oder regionalen Salmonellen-Kontrollprogramm nachgewiesen wird, dass die Salmonellenprävalenz bei den von dem Schlachthof gekauften Tieren gering ist.

Kleine Schlachthöfe und Betriebe, die Hackfleisch/Faschiertes und Fleischzubereitungen in kleinen Mengen herstellen, können jedoch von diesen Probenahmehäufigkeiten ausgenommen werden, sofern dies auf der Grundlage einer Risikoanalyse begründet und von der zuständigen Behörde genehmigt wird.

ANHANG II

Die in Artikel 3 Absatz 2 genannten Untersuchungen umfassen:
— Spezifikationen der chemisch-physikalischen Merkmale des Erzeugnisses, wie zum Beispiel pH-Wert, a_w-Wert, Salzgehalt, Konzentration der Konservierungsmittel und Art des Verpackungssystems, wobei die Lager- und Verarbeitungsbedingungen, die Kontaminationsmöglichkeiten sowie die geplante Haltbarkeitsdauer zu berücksichtigen sind, und
— Berücksichtigung der verfügbaren wissenschaftlichen Literatur und Forschungsdaten hinsichtlich der Wachstums-und Überlebensmerkmale der betreffenden Mikroorganismen.

Sofern die vorgenannten Untersuchungen dies erforderlich machen, führt der Lebensmittelunternehmer zusätzliche Untersuchungen durch, die Folgendes umfassen können:
— mathematische Vorhersagemodelle, die für das betreffende Lebensmittel unter Verwendung kritischer Wachstums- oder Überlebensfaktoren für die betreffenden Mikroorganismen in dem Erzeugnis erstellt werden;
— Tests, anhand deren die Fähigkeit von eingeimpften Mikroorganismen zu deren Vermehrung oder zum Überleben im Erzeugnis unter verschiedenen vernünftigerweise vorhersehbaren Lagerbedingungen untersucht wird;
— Untersuchungen zur Bewertung des Wachstums oder Überlebens der in dem Erzeugnis während der Haltbarkeitsdauer unter vernünftigerweise vorsehbaren Vertriebs-, Lager- und Verwendungsbedingungen möglicherweise vorhandenen entsprechenden Mikroorganismen.

Bei den genannten Untersuchungen ist die dem Erzeugnis, den entsprechenden Mikroorganismen sowie den Verarbeitungs- und Lagerbedingungen jeweils inhärente Variabilität zu berücksichtigen

Auszug aus der Schweizer Hygieneverordnung

Schweizer Hygieneverordnung des EDI (HyV)
vom 23. November 2005 (Stand am 25. Mai 2009)
Auszug

DAS EIDGENÖSSISCHE DEPARTEMENT DES INNERN (EDI),

gestützt auf Artikel 48 Absatz 1 Buchstaben a–d der Lebensmittel- und Gebrauchsgegenständeverordnung vom 23. November 2005 1 (LGV),

verordnet:

Artikel 4
Produktgruppen

Für die hygienische und mikrobiologische Beurteilung werden folgende Produktegruppen unterschieden:

a   genussfertige Lebensmittel, die:
  1. naturbelassen genussfertig sind,
  2. durch Reinigen, Waschen, Schälen, Lufttrocknen, Zerkleinern, Ansäuern, Gären, Reifen oder weitere biologische, chemische oder physikalische Behandlungen genussfertig gemacht worden sind, ohne dass sie eine abschliessende Hitzebehandlung erfahren haben,
  3. durch eine Hitzebehandlung (Art. 27) oder eine Behandlung wie Kochen, Braten, Backen, Frittieren, In-kochend-heisser-Flüssigkeit-Lösen genussfertig gemacht worden sind;

b   nicht genussfertige Lebensmittel:
Lebensmittel, die aus hygienischen, toxikologischen oder physikalischen Gründen nicht genusstauglich sind und erst nach einer Behandlung nach Buchstabe a Ziffer 2 oder 3 genussfertig werden;

c   Gebrauchsgegenstände.

Auszug aus der Schweizer Hygieneverordnung

ANHANG 2

Lebensmittelsicherheitskriterien, Toleranzwerte

A. Produktegruppen

Geltungsbereich: Von Einzelhandelsbetrieben hergestellte, verarbeitete oder zubereitete Produkte während ihrer Haltbarkeitsdauer. Die in Anhang 3 festgelegten Produkte bleiben vorbehalten, das heisst: in Anhang 3 geregelte Produkte können nicht nach Untersuchungskriterien von Anhang 2 beurteilt werden.

	Produkt	Untersuchungskriterien	Toleranzwert KBE	Bemerkung
1	Schlagrahm	Aerobe, mesophile Keime	$1,0 \times 10^7$/g	
		Escherichia coli	$1,0 \times 10^1$/g	
		Koagulasepositive Staphylokokken	$1,0 \times 10^2$/g	
2	Patisseriewaren	Aerobe, mesophile Keime	$1,0 \times 10^6$/g	Auf Produkte mit fermentierten Zutaten kann der Wert für aerobe, mesophile Keime nicht angewendet werden.
		Escherichia coli	$1,0 \times 10$/g	
		Koagulasepositive Staphylokokken	$1,0 \times 10^2$/g	
3	Genussfertige Getränke aus Automaten	Aerobe, mesophile Keime	$1,0 \times 10^5$/g	
4	Naturbelassen genussfertige und rohe, in den genussfertigen Zustand gebrachte Lebensmittel (Art. 4 Bst. a Ziff. 1 und 2)	Escherichia coli	$1,0 \times 10^2$/g	
		Koagulasepositive Staphylokokken	$1,0 \times 10^2$/g	
5	Hitzebehandelte, kalt oder aufgewärmt genussfertige Lebensmittel (Art. 4 Bst. a Ziff. 3)	Aerobe, mesophile Keime	$1,0 \times 10^6$/g	Auf Produkte mit fermentierten Zutaten kann der Wert für aerobe, mesophile Keime nicht angewendet werden.
		Enterobacteriaceae	$1,0 \times 10^2$/g	
		Koagulasepositive Staphylokokken	$1,0 \times 10^2$/g	
		Bacillus cereus	$1,0 \times 10^3$/g	
6	Genussfertige Produkte, die sich nicht A4 oder A5 zuordnen lassen (Mischprodukte)	Aerobe, mesophile Keime	$1,0 \times 10^7$/g	Auf Produkte mit fermentierten Zutaten kann der Wert für aerobe, mesophile Keime nicht angewendet werden.
		Escherichia coli	$1,0 \times 10^2$/g	
		Koagulasepositive Staphylokokken	$1,0 \times 10^2$/g	
7	Genussfertige Lebensmittel, ausgenommen schimmelgereifte	Schimmelpilze	Von blossem Auge nicht erkennbar	

KBE = koloniebildende Einheit

Methoden: Referenzmethoden des Schweizerischen Lebensmittelbuches

Auszug aus der Schweizer Hygieneverordnung

B. Trinkwasser, Mineralwasser, Quellwasser und Eis

	Produkt	Untersuchungskriterien	Toleranzwert KBE
1	Trinkwasser unbehandelt		
	11 – an der Fassung	Aerobe, mesophile Keime	$1{,}0 \times 10^2$/mL
		Escherichia coli	n.n. / 100 mL
		Enterokokken	n.n. / 100 mL
	12 – im Verteilnetz	Aerobe, mesophile Keime	$3{,}0 \times 10^2$/mL
		Escherichia coli	n.n. / 100 mL
		Enterokokken	n.n. / 100 mL
	13 – abgefüllt in Behältnisse	*Escherichia coli*	n.n. / 100 mL
		Enterokokken	n.n. / 100 mL
		Pseudomonas aeruginosa	$2{,}0 \times 10^1$/mL
2	Trinkwasser behandelt		
	21 – nach der Behandlung	Aerobe, mesophile Keime	n.n. / 100 mL
		Escherichia coli	n.n. / 100 mL
		Enterokokken	n.n. / 100/mL
	22 – im Verteilnetz	wie 12	
	23 – abgefüllt in Behältnisse	wie 13	
3	Trinkwasser ab Wasserspendern		
	31 – aus Gallonen oder in einem Verteilnetz	*Escherichia coli*	$2{,}0 \times 10^1$/mL
		Enterokokken	n.n. / 100 mL
		Pseudomonas aeruginosa	n.n. / 100 mL
4	Mineralwasser und Quellwasser		
	41 – an der Quelle	Aerobe, mesophile Keime	$1{,}0 \times 10^2$/mL
		Escherichia coli	n.n. / 100 mL
		Enterokokken	n.n. / 100 mL
		Pseudomonas aeruginosa	n.n. / 100 mL
	42 – abgefüllt in Behältnisse	*Escherichia coli*	n.n. / 100/mL
		Enterokokken	n.n. / 100 mL
		Pseudomonas aeruginosa	n.n. / 100 mL
5	Eis als Zusatz zu Speisen oder Getränken	Aerobe, mesophile Keime	$3{,}0 \times 10^3$/mL
		Escherichia coli	n.n. / 100 mL
		Enterokokken	n.n. / 100 mL
		Pseudomonas aeruginosa	n.n. / 100 mL

Stichwortverzeichnis

Bildnachweis Seite **194**

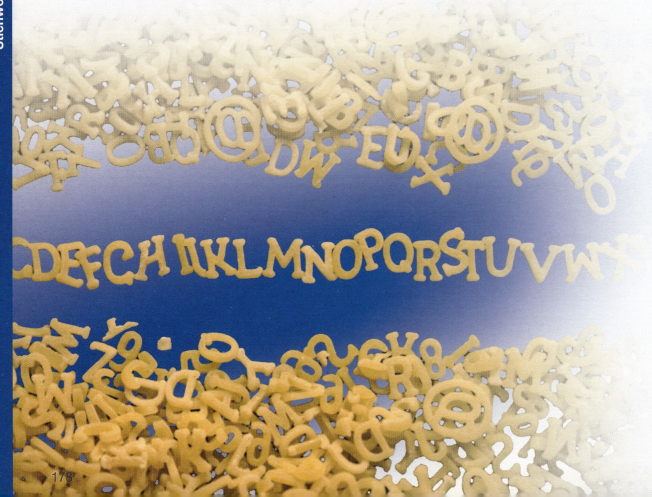

Stichwortverzeichnis

2073/2005	**144**-**174**
Lebensmittelsicherheitskriterien	157
Prozesshygienekriterien	162
Acinetobacter	28, 73
Aeromonaden	28
Aflatoxine	4, **47**, 49
Früchte, getrocknet	128
Höchstgehalte	53
Kurzportrait relavanter Mykotoxine	48
Vorkommen	50
Alcaligenes	28, 103
Alicyclobacillus	28
Fruchtpulpen	127
Fruchtsäfte	133
Getränke > pH 5,0	135
Zucker	136
Alkoholfreie Erfrischungsgetränke	131
Allergene	4, **42**
Häufigste Allergenquellen	43
Zusammenfassende Bewertung allergener Lebensmittel	43
Amylopektin	118
Aspergillus	28, 35, 48, 49, 50
Aspikwaren	64, 65
ATP	4, 34, **36**
Auftauwasser	11, 23, 32
Bacillus cereus	4, 7, **8**, 28, 59
Backwaren, frisch	103
Backwaren, tiefgekühlt	104
Fertiggerichte	114
Fruchtsäfte	133, 135
Getreidemahlerzeugnisse	106
Hitzebehandelte Lebensmittel (Schweizer Hygiene VO)	174
→→→	
←←←	
Bacillus cereus	
Instantprodukte	128
Kartoffeltrockenprodukte, Kloßmehl	117
Koch-, Instantprodukte	113
Milch	80
Milch- und Molkepulver	96
Patisseriewaren	107
Pommes frites	116
Sandwichs, belegte Brötchen, verzehrfertige Lebensmittel	111
Säuglingsanfangsnahrung (VO 2073/2005)	168, 169
Säuglingsnahrung	97, 99
Schweinefleisch, mariniert	60
Sojaprodukte	120
Speisekleie	108
Sprossen	121
Teigwaren, feucht	109
Teigwaren, roh	109
Zucker	136
Backwaren	5, 32, 55, **102**
Backwaren, tiefgekühlt	104
fein, frisch, mit nicht durchgebackener Füllung	103
Höchstgehalte für Mykotoxine	51
Patisseriewaren, tiefgekühlt mit nicht durchgebackener Füllung	107
Salmonella	23
Staphylococcus aureus	25
Bier	137
Bifidobakterium	28
Botulismus	15
Säuglingsbotulismus	29, 127
Brausen	131
Brochothrix thermosphacta	28
Brötchen, belegt	111
Brotvormischungen	105

179

Stichwortverzeichnis

Brühwurst	64
Butter	94
Byssochlamys	28, 49, 50
Fruchsäfte	133
Getränke < pH 5,0	133-135
Getränke > pH 5,0	135
Campylobacter coli	10, 29, 35, 59, 62
Campylobacter jejuni	4, 7, **10**, 23, 29, 32, 35, 59
Geflügel	71
Hackfleisch und Fleischzubereitungen	62
Käse aus Rohmilch	84
Rohmilch	79
Campylobacteriose	10, 11, 79
Carnobacterium	29
Cereulid	
Bacillus cereus	8
Cereus-Gruppe	8
Clostridien, Sulfit reduzierend	59
Dickungsmittel	119
Fisch, frisch	73
Getreidemahlerzeugnisse	106
Gewürze	123
Instantprodukte	113, 128
Kochprodukte, Trockensuppen, -eintöpfe, -soßen	113
Kochwurst, Kochpökelwaren, Sülzen	64
Lachs	75
Obstkonserven	120
Pizza	115, 116
Pökelwaren, gegart, vakuumverpackt	70
Rohwurst, Rohpökelwaren	67, 69
Säuglingsnahrung	97, 99
verzehrfähige Speisen, hitzebehandelt	111
Würstchen in Halbkonserven	66
Clostridium baratii	15
Clostridium botulinum	4, 7, **14**, 29
Brühwurst	64
Fisch, frisch	73
Frischfleisch	59
Gemüse, Gemüseprodukte	112
Hackfleisch und Fleischzubereitungen	63
Honig	127
Rohmilch	79
Rohwurst	67
Seefische	74
Clostridium butyricum	15, 84, 133, 135, 136
Clostridium esterteticum	29
Clostridium perfringens	4, 7, **12**, 29
Fertiggerichte	114
Frischfleisch	59, 60
Kartoffeltrockenprodukte, Kloßmehl	117
Käse aus Rohmilch	84
Rohmilch	79
Semmelknödel	108
Clostridium tyrobutyricum	29, 84
Coliforme Keime	29
Diätetische Lebensmittel	99
Getränke > pH 5,0	135
Mineralwasser	138
Trinkwasser	138
Zucker	136
Convenience	5, 55, **110**
Cronobacter spp.	4, 7, **16**, 29, 30
Milchprodukte aus Milch anderer Tiere	95
Deoxynivalenol	siehe DON
Diätetische Lebensmittel	99
Dickungsmittel	119
Dickzuckerfrüchte	119

Stichwortverzeichnis

DON	48
Vorkommen	50
EHEC	4, 7, **18**, 30
Käse aus thermisch behandelter Milch	86
Käse aus Rohmilch	84
Rohmilch	79
Sprossen	121
Eier	19, 23, 31, 32, 100, 110, **124**, 125
VO 2073/2005	145, 149, 169
Allergene	42
Eis als Zusatz zu Speisen und Getränken	138
Emetisches Syndrom	
Bacillus cereus	8
Enterobacter sakazakii	siehe *Cronobacter* spp.
Enterobacteriaceae	17
VO 2073/2005	149, 155, 162, 164, 166-170, 172, 173
Alkoholfreie Erfrischungsgetränke	131
Backwaren, fein, frisch, m. n. durchgebackener Füllung	103
Bier	137
Butter	94
Dickungsmittel	119
Eier	124
Farbstofflösungen	119
Feinkostsalate	123
Fertiggerichte	114
Fertigmehl	105
Fisch, frisch	73
Fleisch, roh	61
Frischfleisch	59
Frischkäse	87
Fruchtsaftgetränke	131
Früchte, getrocknet	128
Fruchtpulpen	127
Frühstückscerealien	106
Geflügelfleisch, roh	61
Getreidemahlerzeugnisse	106
→→→	

←←←
Enterobacteriaceae

Hackfleisch und Fleischzubereitungen	62
Kakaopulver	129
Kartoffelstärke	118
Kartoffeltrockenprodukte	117
Käsezubereitungen	89
Kefirerzeugnisse	92
Kochwurst, Kochpökelwaren, Sülzen	64, 65
Kochwürste	65
Kondensmilcherzeugnisse	92
Konsummilch, pasteurisiert	81
Krustentiere	76
Lachs	75
Mehlmischungen	105
Milch- und Molkepulver	96
Milchmischerzeugnisse	93
Milchprodukte aus Milch anderer Tiere	95
Naturdärme	70
Paniermehl	106
Pizza	115
Pommes frites	116
Rohmilch	79
Rohmilchkäse	84, 85
Rohwurst, Rohpökelwaren	67-70
Sahne	82, 83
Sauermilch, Jogurt, Buttermilcherzeugnisse	91
Sauermilchkäse	91
Säuglingsnahrung	97-99
Schmelzkäsezubereitungen	90
Schokolade	129
Schweinefleisch, mariniert	60
Schweinefleisch, roh	61
Schweizer Hygieneverordnung	176
Seefische	74
Sojaprodukte	120
Speiseeis	100, 101
Speisekleie	108
Sprossen	121
→→→	

Stichwortverzeichnis

←←←
Enterobacteriaceae
Sülzen und Aspikwaren	66
Teigwaren	109
Teilstücke von Rind und Schwein	60
Trockenmilcherzeugnissse	97
verzehrfähige Speisen, hitzebehandelt	111
Vorzugsmilch	80
Weichkäse	87
Weizenbrotstücke, getrocknet, Semmelmehl	108
Wildfleisch, tiefgefroren, vakuumverpackt	60
Würstchen	66

Enterokokken 30
Eis als Zusatz zu Speisen und Getränken	138
Schweizer Hygieneverordnung	177
Speisekleie	108
Trinkwasser	138

Enterotoxine
Bacillus cereus	8
VO 2073/2005	149, 161, 162, 163, 167, 168
Käse aus thermisch behandelter Milch	86
Milch- und Molkepulver	96
Rohmilchkäse	85
Staphylococcus aureus	25, 32

Erdnüsse 43, **44**, 45, 49, 50, 53, 54

Erfrischungsgetränke aus Zapfanlagen 131

Echerichia coli (E. coli) 4, 7, 18, 29, 30, 59
VO 2073/2005	148, 161, 162, 163, 165, 166, 167, 168, 169, 170, 171, 173
Alkoholfreie Erfrischungsgetränke	131
Backwaren, frisch, mit nicht durchgebackener Füllung	103
Backwaren, tiefgekühlt	104
Bier	136
Butter	94
Diätetische Lebensmittel	99
Feinkostsalate	123

→→→

←←←
Escherichia coli (E. coli)
Fertiggerichte	115
Fisch, frisch	73
Fleisch, roh	61
Frischfleisch	59
Fruchtsaftgetränke	131
Früchte, getrocknet	128
Fruchtpulpen	127
Geflügelfleisch, roh	61
Gemüse und Gemüseprodukte	112
Getreidemahlerzeugnisse	106
Gewürze	123
Hackfleisch und Fleischzubereitungen	62, 63
Hartkäse	88
Instantprodukte	113, 128
Kakaopulver	129
Kartoffeltrockenprodukte	117
Käse aus thermisch behandelter Milch	86
Kochpökelwaren	65
Kochprodukte, Trockensuppen, -eintöpfe, -soßen	113
Kochwurst, Kochpökelwaren, Sülzen	64
Krustentiere	76
Lachs	75
Milchfetterzeugnisse	95
Mineralwasser	138
Mischsalate	122
Muscheln	77
Obst und Gemüse, vorzerkleinert, verzehrfertig	111
Patisseriewaren	107
Pommes Frites	116
Reibekäse	89
Rohmilchkäse	84, 85
Rohwurst, Rohpökelwaren	67, 68
Sahne	82, 83
Sandwichs	111
Säuglingsnahrung	97-99
Schnittkäse	88
Schokolade	129

→→→

Stichwortverzeichnis

←←←

Escherichia coli (E. coli)
- Schweinefleisch, mariniert — 60
- Schweinefleisch, roh — 61
- Schweizer Hygieneverordnung — 176, 177
- Seefische — 74
- Speiseeis — 101
- Speisekleie — 108
- Sprossen — 121
- Sülzen und Aspikwaren — 66
- Tee — 137
- Teigwaren — 109
- Teilstücke von Rind und Schwein — 60
- Trinkwasser — 138
- verzehrfähige Speisen, hitzebehandelt — 111
- Vorzugsmilch — 80
- Weichkäse — 87
- Wildfleisch, tiefgefroren, vakuumverpackt — 60
- Würstchen — 66
- Zucker — 136

Farbstofflösungen — 119

Faschiertes — 63
- VO 2073/2005 — 148, 156, 159, 165, 166, 172, 173

Feinkostsalate — 123

Fertiggerichte — 114, 115

Fertigmehl — 105

Fisch — 5, 29, 30, 31, 32, 55, 72
- VO 2073/2005 — 149, 161-163
- Allergene — 43, 44
- *Clostridium botulinum* — 15
- frisch — 73
- *Listeria monocytogenes* — 21
- Richt-und Warnwerte — 55

Flavobacterium — 30, 73, 103

Fleisch — 5, 28, 29, 30, 31, 32, 55, **58**, 59
- VO 2073/2005 — 145, 148-151
- VO 2073/2005 Prozesshygienekriterien — 164-166
- ATP-Test — 36
- *Bacillus cereus* — 9
- *Campylobacter* — 11
- *Clostridium botulinum* — 15
- *Clostridium perfringens* — 13
- EHEC — 19
- Fertiggerichte, tiefgekühlt, vor dem Verzehr zu garen — 115
- Fleisch, roh, Rind, Schwein, Geflügel — 61
- Geflügel — 71
- Hackfleisch und Fleischzubereitungen — 62, 63
- *Listeria monocytogenes* — 21
- *Salmonella* — 23
- Schweinefleisch, mariniert — 60
- Separatorenfleisch — 63
- *Staphylococcus aureus* — 25
- Teilstücke von Rind und Schwein — 60
- Wildfleisch, tiefgefroren, vakuumverpackt — 60
- *Yersinia enterocolitica* — 27

Flüssigzucker — 126

Frischfleisch — 59-61

Frischkäse — 87

Früchte, getrocknet — 128

Früchtetee — 137

Fruchtpulpen — 127

Fruchtsäfte — 131-135

Frühstückscerealien — 106

Fumonisin — 48, 50, 51, 54

Fusarientoxine — **4**, **47**
- Höchstgehalte für Mykotoxine — 51

Fusarium — 30, 48, 50

Stichwortverzeichnis

Geflügelfleisch	11, 59, 71
VO 2073/2005	148, 150, 156, 159, 160
roh	61
Gelatine und Kollagen	70
Gemüse, Gemüseprodukte	112
Gemüse und Obst, vorzerkleinert, verzehrfertig	111
Gemüsesaft, verzehrfertig nicht pasteurisiert	131
Gemüsesäfte > pH 5,0	135
Geotrichum candidum	30
Gesamtkeimzahl	siehe Keimzahl
Getränke	5, 28, 30, 31, 55, **130**-138,
VO 2073/2005	162
ATP-Test	36
Auszug aus Schweizer Hygieneverordnung	176, 177
Ochratoxin	52
Patulin	54
Getreidemahlerzeugnisse	106
Getreideprodukte	5, 30, 31, 49, 50, 55, **102**
Gewürze	123
Gluconobacter	30
Gluten	43, 44
Glutenfreiheit	46
Lebensmittelallergie	42, 44
Guillain-Barré-Syndrom	11
Hackfleisch und Fleischzubereitungen	19, 30, 58, **62**, 63
VO 2073/2005	148, 156, 157, 159, 165, 166, 172, 173
Hähnchenfleisch	11
Hartkäse	88

Hefen	30, 35
VO 2073/2005	152
Alkoholfreie Erfrischungsgetränke	131
Backwaren	103
Bier	137
Butter	94
Dickungsmittel	119
Farbstofflösungen	119
Feinkostsalate	123
Fertiggerichte	114
Fertigmehl	105
Fisch, frisch	73
Flüssigzucker	127
Frischfleisch	59
Frischkäse	87
Fruchtsäfte…	132-135
Getreidemahlerzeugnisse	106
Honig	127
Kakaogetränke	136
Kartoffelbreipulver	117
Kartoffelstärke	118
Käse aus thermisch behandelter Milch	86
Käse aus Rohmilch	84
Käsezubereitungen	89
Kochwurst, Kochpökelwaren, Sülzen	64, 65, 66
Kräutertee	137
Lachs	75
Marzipan	129
Milchfetterzeugnisse	95
Milchprodukte aus Milch anderer Tiere	95
Mischsalate	122
Obstkonserven	120
Paniermehl	106
Rohwurst, Rohpökelwaren	67-70
Saccharose	126
Sahne	83
Sandwichs	111
Sauermilch, Jogurt, Buttermilcherzeugnisse	91, 92
Säuglingsnahrung	99

→→→

Stichwortverzeichnis

←←←
Hefen
- Teilstücke von Rind und Schwein — 60
- Weizenbrotstücke, getrocknet, Semmelmehl — 108
- Zitronat, Dickzuckerfrüchte — 119

Hepatitis Viren — 4, 37, **38**
- Muscheln — 77

Histamin — 31, 74, 149, 161, 163

Honig — 127

Instantprodukte — 113, 128

Joghurterzeugnisse — 91

Kakaogetränk, heiß aus Getränkeautomaten — 136

Kakaopulver — 129

Kartoffelbreipulver — 117

Kartoffelkloßmehl — 117

Kartoffelstärke — 118

Kartoffeltrockenprodukte — 117

Käse aus thermisch behandelter Milch — 85

Käse aus Rohmilch — 84

Käsezubereitungen — 89

Kefirerzeugnisse — 92

Keimlinge, verzehrfertig — 121

Keimzahl, aerob mesophil — 28, 29
- VO 2073/2005 — 164, 165, 166, 172, 173
- Alkoholfreie Erfrischungsgetränke — 131
- Backwaren — 103
- Bier — 137
- Butter — 94
- Diätetische Lebensmittel — 99
- Dickungsmittel — 119
- Eier — 125
- Eis als Zusatz zu Speisen und Getränken — 138
- Farbstofflösungen — 119
- Feinkostsalate — 123
- Fertiggerichte — 114
- Fertigmehl — 105
- Fisch, frisch — 73
- Fruchtsäfte — 132-135
- Früchte, getrocknet — 128
- Fruchtpulpen — 127
- Frühstückscerealien — 106
- Geflügelfleisch, roh — 61
- Getränke > pH 5,0 — 135
- Getreidemahlerzeugnisse — 106
- Hackfleisch und Fleischzubereitungen — 62, 63
- Instantprodukte — 113, 128
- Kakaogetränk, heiß aus Automaten — 136
- Kakaopulver — 129
- Kartoffelbreipulver — 117
- Kartoffelkloßmehl — 117
- Kartoffelstärke — 118
- Kartoffeltrockenprodukte — 117
- Kochkäse — 90
- Kochprodukte, Trockensuppen, -eintöpfe, -soßen — 113
- Kochwurst, Kochpökelwaren, Sülzen — 64-66
- Kondensmilcherzeugnisse — 92
- Konsummilch, pasteurisiert — 81
- Kräutertee — 137
- Krustentiere — 76
- Lachs — 75
- Marzipan — 129

→→→

Stichwortverzeichnis

←←←
Keimzahl, aerob mesophil

Mehlmischungen	105
Milchfetterzeugnisse	95
Milchmischerzeugnisse	93
Milchprodukte aus Milch anderer Tiere	95
Mischsalate	122
Naturdärme	70
Obstkonserven	120
Paniermehl	106
Patisseriewaren	107
Pizza	115, 116
Pökelwaren, gegart, vakuumverpackt	70
Pommes frites	116
Rohmilch	79
Rohwurst, Rohpökelwaren	68-70
Saccharose	126, 127
Sahne	82, 83
Säuglingsnahrung	97-99
Schmelzkäsezubereitungen	90
Schokolade	129
Schweinefleisch, mariniert	60
Schweinefleisch, roh	61
Schweizer Hygieneverordnung	176, 177
Seefische, frisch	74
Semmelknödel	108
Sojaprodukte	120
Speiseeis	101
Speiseeispulver	101
Speisekleie	108
Teigwaren, feucht	109
Teilstücke von Rind und Schwein	60
Trockenmilcherzeugnissse	96
UHT-Milch	81
verzehrfähige Speisen, hitzebehandelt	111
Vorzugsmilch	80
Weizenbrotstücke, getrocknet, Semmelmehl	108
Wildfleisch, tiefgefroren, vakuumverpackt	60
Zucker	136

Kochkäse	90
Kochpökelwaren	64, 65
Kochprodukte	113
Kochwurst	64, 65
Kocuria	31
Kokosflocken	128
Kollagen, Gelatine	70
Kondensmilcherzeugnisse	92
Konsummilch, pasteurisiert	81
Kontaminanten-VO vom 19. März 2010 (BGBl. I S. 287)	51-54
Kräutertee	137
Kristallzucker	126
Krustentiere	76
Lachs	21, 72, 75,
Lactobacillus	31, 103, 133, 134, 135, 136
Lactococcus	31
Laktoseunverträglichkeit	45
LAL	4, 34, **36**
Lebensmittelintoxikation	
Bacillus cereus	8
Clostridium botulinum	14
Lebensmittelsicherheitskriterien VO 2073/2005	5, 145, 152, 154, 156, **159**-163
Legionella pneumophila	130, **142-143**
Leuconostoc	31, 133, 134, 135, 136
Limonaden	131

Stichwortverzeichnis

Listeria monocytogenes	4, 7, **20**, 31, 35
VO 2073/2005	148, 154, 155, 159, 162
Backwaren	103
Backwaren, tiefgekühlt	104
Brot-, Backwarenvormischungen	105
Brühwurst	64
Butter	94
diätetische Lebensmittel	99
Feinkostsalate	123
Fertiggerichte	114
Fisch, frisch	73
Fleisch, roh	61
Frischfleisch	59
Frischkäse	87
Gemüse, Gemüseprodukte	112
Getreide, Getreideprodukte	103
Gewürze	123
Hackfleisch und Fleischzubereitungen	63
Käse aus thermisch behandelter Milch	86
Käse aus Rohmilch	84
Käsezubereitungen	89
Kefirerzeugnisse	92
Kondensmilcherzeugnisse	92
Krustentiere	76
Lachs	75
Milch, pasteurisiert	80, 81
Milch- und Molkepulver	96
Milchmischerzeugnisse	93
Milchprodukte aus Milch anderer Tiere	95
Mischsalate	122
Molken	91
Paniermehl	106
Patisseriewaren	107
Pizza	115
Pökelwaren	70
Pommes frites	116
Reibekäse	89
Rohmilch	79
Rohwurst, Rohpökelwaren	67-69
→→→	

←←←	
Listeria monocytogenes	
Sahne	82
Sahneerzeugnisse	83
Sauermilch, Jogurt, Buttermilcherzeugnisse	91
Sauermilchkäse	91
Sauermilchquarkerzeugnisse	91
Säuglings-, Kleinkindernahrung	99
Säuglingsnahrung	97
Schmelzkäsezubereitungen	90
Schnittkäse	88
Seefische	74
Semmelmehl	109
Speiseeis	100
Speiseeispulver	101
Speisen zum diekten Verzehr	111
Sprossen	121
Trockenmilcherzeugnissse	96
UHT-Milch	81
Vorzugsmilch	80
Weizenbrotstücke, getrocknet	108
Marzipan	129
Masthähnchen	
Campylobacter jejuni	10, 11
Mayonnaise	123
Megasphera	31
Micrococcus	31, 73, 103
Milch, pasteurisiert	80
Milch- und Molkepulver	96
Milchfetterzeugnisse	95
Milchmischerzeugnisse	93

Stichwortverzeichnis

Milchprodukte	5, 28, 29, 31, 55, **78**
Bacillus cereus	9
Cronobacter sakazakii	17
Milchprodukte aus Milch anderer Tiere	95
Yersinia enterocolitica	27
Milchprodukte aus Milch anderer Tiere	95
Milchreis	128
Milchsäurebakterien	31, 59
Brühwurst…	64-66
Feinkostsalate	123
Fruchtsäfte…	132-135
Käse aus Rohmilch	84
Rohwürste…	68, 69
Schweinefleisch, mariniert	60
Wildfleisch, tiefgefroren, vakuumverpackt	60
Mineralwasser	5, 55, 130, **138**
Auszug aus Schweizer Hygieneverordnung	177
Mischgetränke > pH 5,0	135
Mischsalate	122
Molken	91
Molkepulver, Milch- und	96
Moraxella	31, 73
Muscheln	77
Mykotoxine	4, 28, 30, **47**, 103, 128
Früchte, getrocknet	128
Getreide, Getreideprodukte	103
Höchstgehalte	51-54
Kurzportrait relavanter Mykotoxine	48
Vorkommen, Wirkung	50
Naturdärme	70
Noroviren	4, **40**
Muscheln	77
VO 2073/2005	148
Nüsse	28, 30, 43, **45**, 100, 128
Obstkonserven	120
Obst und Gemüse, vorzerkleinert, verzehrfertig	111
Obstsaft, verzehrfertig nicht pasteurisiert	131
Ochratoxin A	4, 47, 49
Früchte, getrocknet	128
Höchstgehalte	52
Vorkommen, Wirkung	50
Paniermehl	106
Patisseriewaren	107
Patulin	4, 47, 49
Höchstgehalte	54
Vorkommen	50
Vorkommen, Wirkung	50
PCR	4, 17, **34**, 35, 45
Pectinatus	31
Pediococcus	32
Photobacterium	31
Seefische, frisch	74
Pizza	115, 116
Pökelwaren	70
Pommes frites	116
Propionibacterium	32
Prozesshygienekriterien	
VO 2073/2005	5, 145, 147, 153, 155, 156, 164-171

Stichwortverzeichnis

Pseudomonas	31, 59
Fisch, frisch	73
Geflügelfleisch, roh	61
Hackfleisch und Fleischzubereitungen	62
Rindfleisch, roh	61
Sahne	82
Schweinefleisch, roh	61
Seefische, frisch	74
Vorzugsmilch	80
Wildfleisch, tiefgefroren, vakuumverpackt	60
Pseudomonas aeruginosa	31
Eis als Zusatz zu Speisen und Getränken	138
Mineralwaser	138
Schweizer Hygieneverordnung	177
Trinkwasser für die Abfüllung in Behältnisse	138
Puddings	128
Reibekäse	89
Rindfleisch	19, 30, 61
VO 2073/2005	148
Rindfleisch, roh	61
Rohmilch	79
Rohmilchkäse	84, 85
Rohwurst, Rohpökelwaren	67-70
Rosinen	128
Saccharose	126
Sahne	82, 83

Salmonella	4, 7, **22**, 32
VO 2073/2005	149, 156, 157, 172, 173
VO 2073/2005 Lebensmittelsicherheitskriterien	159, 160, 161, 164, 166
Alkoholfreie Erfrischungsgetränke	131
Backwaren	103
Bier	136
Brot-, Backwarenvormischungen	105
Brühwurst	64
Butter	94
diätetische Lebensmittel	99
Dickungsmittel	119
Eier	125
Farbstofflösungen	119
Feinkostsalate	123
Fertiggerichte	114
Fertigmehl	105
Fisch, frisch	73
Fleisch, roh	61
Frischfleisch	59
Frischkäse	87
Früchte, getrocknet	128
Fruchtpulpen	127
Frühstückscerealien	106
Geflügel	71
Gelatine und Kollagen	70
Gemüse, Gemüseprodukte	112
Getreide, Getreideprodukte	103
Getreidemahlerzeugnisse	106
Gewürze	123
Hackfleisch und Fleischzubereitungen	63
Hart-, Halbhartkäse	88
Honig	127
Instantprodukte	113, 128
Kaffeegetränke	136
Kakaopulver	129
Kartoffelbreipulver	117
Kartoffelstärke	118
→→→	

Stichwortverzeichnis

←←←
Salmonella

Kartoffeltrockenprodukte, Kloßmehl	117
Käse aus thermisch behandelter Milch	86
Käse aus Rohmilch	84
Käsezubereitungen	89
Kefirerzeugnisse	92
Keimlinge, verzehrfertig	121
Kochprodukte, Trockensuppen, -eintöpfe, -soßen	113
Kondensmilcherzeugnisse	92
Krustentiere	76
Lachs	75
Marzipan	129
Milch, pasteurisiert	80
Milch- und Molkepulver	96
Milchfetterzeugnisse	95
Milchmischerzeugnisse	93
Milchprodukte aus Milch anderer Tiere	95
Mischsalate	122
Muscheln	77
Naturdärme	70
Obst und Gemüse, vorzerkleinert, verzehrfertig	111
Obstkonserven	120
Paniermehl	106
Patisseriewaren	107
Pizza	115
Pökelwaren	70
Pommes frites	116
Reibekäse	89
Rohmilch	79
Rohwurst, Rohpökelwaren	67-70
Sahne	82
Sahneerzeugnisse	83
Sauermilch-, Joghurt, Buttermilcherzeugnisse, Molken	91
Sauermilchkäse, Sauermilchquarkerzeugnisse	91
Säuglings-, Kleinkindernahrung	99
Säuglingsnahrung	97
Schmelzkäsezubereitungen	90

→→→

←←←
Salmonella

Schnittkäse	88
Schokoladen, Kakao, Konfekt	129
Seefische	74
Semmelknödel	108
Sojaprodukte	120
Speiseeis	100
Speiseeispulver	101
Speisekleie	108
Speisen zum direkten Verzehr	111
Sprossen	121
Stärkehydrolyseprodukte	118
Tee	137
Teigwaren	109
Trockenmilcherzeugnissse	96
UHT-Milch	81
Vorzugsmilch	80
Weichkäse	87
Weizenbrotstücke, getrocknet, Semmelmehl	108
Zitronat, Dickzuckerfrüchte	119

Sandwiches	111
Sauermilcherzeugnisse	91
Sauermilchkäse	91
Säuglingsbotulismus	siehe Botulismus
Säuglingsnahrung	97, 98, 99
Schmelzkäsezubereitungen	90
Schnellanalytik	4, **33**
Schnelltests in der Lebensmittelindustrie	33-36
Schnittkäse	88
Schokolade	129
Schweinefleisch	13, 27, 32
mariniert	60
roh	61

Stichwortverzeichnis

Schweizer Hygieneverordnung	5, 144, 175, **176**, 177
Seefische, frisch	74
Sellerie	43, 46, 112
Semmelknödel	108
Semmelmehl	109
Senf	46
Separatorenfleisch	63
VO 2073/2005	156, 159, 162, 165, 166, 173
Sesam	43, 46
Shewanella	32, 59, 73
Soja	43, 44, 45
Sojaprodukte	110, 120
Sprossen	121
Soßenpulver	128
Speiseeis	100, 101
Speiseeispulver	101
Speisekleie	108
Sporenbildner	28, 29, 64, 95, 127
Würstchen in Halbkonserven	66
Sprossen	121
Staphylococcus areus	4, 7, **24**, 25, 32
Brühwurst	64
Frischer Fisch	73
Frischfleisch	59
Getreide, Getreideprodukte	103
Käse aus Rohmilch	84
Krustentiere	76
Milch- und Molkepulver	96
Rohmilch	79
Speiseeis	100

Staphylokokken, Koagulase positiv	
VO 2073/2005	161, 162, 167, 168, 169, 170
Backwaren	103-105
Butter	94
Eier	125
Feinkostsalate	123
Fertiggerichte	114
Fisch, frisch	73
Frischkäse	87
Geflügelfleisch, roh	61
Getreidemahlerzeugnisse	106
Hackfleisch und Fleischzubereitungen	62
Hartkäse	88
Instantprodukte	113, 128
Kartoffelkloßmehl	117
Kartoffeltrockenprodukte	117
Käse aus thermisch behandelter Milch	86
Käsezubereitungen	89
Kefirerzeugnisse	92
Kochkäse	90
Kochprodukte, Trockensuppen, -eintöpfe, -soßen	113
Kochwurst, Kochpökelwaren, Sülzen	64
Kondensmilcherzeugnisse	92
Konsummilch, pasteurisiert	81
Krustentiere	76, 77
Lachs	75
Milch- und Molkepulver	96
Milchfetterzeugnisse	95
Milchmischerzeugnisse	93
Milchprodukte aus Milch anderer Tiere	95
Naturdärme	70
Patisseriewaren	107
Pizza	116
Pökelwaren, gegart, vakuumverpackt	70
Pommes frites	116
Reibekäse	89
Rindfleisch, roh	61
Rohmilch	79
→→→	

Stichwortverzeichnis

←←←

Staphylokokken, Koagulase positiv

Rohmilchkäse	85
Rohwurst, Rohpökelwaren	67-70
Sahne	82, 83
Sandwichs	111
Sauermilch-, Joghurt, Buttermilcherzeugnisse, Molken	91, 92
Sauermilchkäse	91
Säuglingsnahrung	97-99
Schmelzkäsezubereitungen	90
Schnittkäse	88
Schweinefleisch, roh	61
Schweinefleisch, mariniert	60
Schweizer Hygieneverordnung	176
Semmelknödel	108
Sojaprodukte	120
Speiseeis	101
Speisekleie	108
Sprossen	121
Teigwaren	109
Teilstücke von Rind und Schwein	60
Trockenmilcherzeugnissse	96
verzehrfähige Speisen, hitzebehandelt	111
Vorzugsmilch	80
Weichkäse	87
Wildfleisch, tiefgefroren, vakuumverpackt	60

STEC	**18**
Frischfleisch	59
Sprossen	121

Sulfite	46
Sülzen	64, 65
Süßes	5, 55, **126**
Tee, schwarz, trocken	136, 137
Teigwaren	109

Toxine	4, 13, 28, 30, 32, 36
Bacillus cereus	8
Clostridium botulinum	15
Clostridum perfringens	12

Toxine	
Staphylococcus aureus	24, 25

Trichothecene	48

Trinkwasser	5, 29, 30, 55, 130, **138**, 139, 140
chemische Parameter	139,14
für die Abfüllung in Behältnisse	138
Mischsalate	122
Richt- und Warnwerte	138, 139, 140, 175
Schweizer Hygieneverordnung	177
Sprossen	121
Viren	37

Trockeneintöpfe	113
Trockenmilcherzeugnisse	96
Trockensoßen	113
Trockensuppen	113
UHT-Milch	81

Verordnung (EG) Nr. 2073/2005	**144-174**
Verordnung (EG) Nr. 1881/2006	51-54
Verordnung (EG) Nr. 1126/2007	51-54
Verordnung (EG) Nr. 565/2008	51-54
Verordnung (EG) Nr. 629/2008	51-54
Verordnung (EU) Nr. 105/2010	51-54
Verordnung (EU) Nr. 165/2010	51-54

Vibrio	32, 73, 74, 76, 77
VO 2073/2005	148, 151

Viren	4, **37**
VO 2073/2005	148, 151, 152
Hepatitis Viren	38, 39
Noroviren	40, 41

Stichwortverzeichnis

Vorzugsmilch	80
VTEC	**18**
Frischfleisch	59
Hackfleisch und Fleischzubereitungen	62
Brühwurst	64
Rohwurst	67
Sprossen	121
VO 2073/2005	148
Weichkäse	87
Weißzucker	126
Weizenbrotstücke, getocknet	108
Wildfleisch	60
Würstchen	66, 67
Yersinia enterocolitica	4, 7, **26**, 27, 29, 32
Hackfleisch und Fleischzubereitungen	62
Frischfleisch	59
Zearalenon	48, 50, 51
Zitronat	119
Zöliakie	43
Zucker	136
Zucker in Getränken	136
Zygosaccharomyces	30, 32

Bildnachweis

Christian Geisler, Fotografie Christian Geisler • www.christiangeisler.de
Seiten: U1, 3, 6, 8, 10, 22, 24, 33, 37, 55, 56, 62, 73, 124, 132

Detlef Loppow, LADR GmbH MVZ Dr. Kramer und Kollegen • www.ladr.de
Seiten: 12, 14, 16, 18, 20, 26

Fotolia Online-Bildagentur, www.fotolia.de
(Seiten: Fotograf): U1: Julián Rovagnati, 2: Daniel Rajszczak, 38: Vinicius Tupinamba, 40: Andrzej Solnica, 42: Matty Symons, 47: Kevin Steffgen, 58: Olga Lyubkin, 64: PeJo, 67: Louella Folsom, 71: ExQuisine, 72: Witold Krasowski, 74: Richard Villalon, 76: Mikael Damkier, 77: Lucky Dragon, 78: dip, 80: dip, 82: angelo.gi, 84: Marén Wischnewski, 85: Onno Brandis, 97: Claudio Baldini, 100: unpict, 102: dinostock, 105: ErickN, 110: Danny Hooks, 112: Svenja98, 115: sergio37_120, 121: manla, 122: Bernd Jürgens, 126: abcmedia, 126: Sunny Images, 127: derGrafiker.de, 129: Ieva Geneviciene, 130: MP2, 136: abcmedia, 136: mirpic, 138: oliverdias, 144: Gina Sanders, 177: lililu, 178: nicole01877